쉽고 간단한
북유럽 바느질 소품 218

Kohas iD

c o n t e n t s

prologue "1시간 소품" 이라는 건 뭐야?

※일러스트 설명서 안에 **A B A** 의 표시가 있는 것은 책에 수록된 실물크기 패턴과 도안을 참조하세요.

※일러스트 설명서 안의 숫자 단위는 cm입니다.

작기 때문에 금방 만들 수 있다!

PART 1 여러 가지 핸드메이드 용품

column 1 간단한! 원단 액세서리

column 2 꼭 필요한! 사용하기 편한 파우치

" 가사와 육아로 정신없는 하루. 시간이 너무 빨리 지나가 버리지만
내가 좋아하는 핸드메이드를 포기할 수는 없다. "

" 소잉은 거의 해본 적이 없어 어렵게 느껴지지만
간단하고 즐거운 핸드메이드 소품이라면 도전해 보고 싶다. "

" 시간도 테크닉도 부족하지만 귀여운 소품을 많이 만들고 싶다! "

이건 나의 욕심일까?

아니요! 그런 분들을 응원하는 것이 이 책입니다.
원단을 재단하고 나서 단 1시간만에 완성할 수 있는 원단 소품을
한자리에 모았습니다.
전부 다 매우 쉽고 간단하여 순식간에 완성할 수 있는 소품들입니다.
자, 당신도 지금 바로 시작해 보세요.

" 1시간 소품 " 이라는 건 뭐야?

이런 사람을 위해 만들어진 책입니다.

바쁜지만 핸드메이드를 즐기고 싶은 사람

처음 소잉을 시작하려고 하는 사람

바자회나 플리 마켓을 위해
많은 소품을 만들고 싶은 사람

이 책의 작품에 달린
아이콘은 전부 4개!

↓

이 책을 좀 더 쉽게 사용하기 위해, 4개의 아이콘을 준비
했습니다. 각각의 아이콘 색을 확인하면서 자신에게 딱
맞는 작품을 찾아보세요!

직선으로 박기만 하면 완성되는 작품. 곡선을 봉합하는 것이 조금 서툰 사람에게 추천합니다. 패턴을 사용하지 않고 원단에 직접 재단하는 것이 대부분이기 때문에 작업도 간단합니다.

끈을 풀어
안으로 뒤집어 다시 접으면…

만드는 방법

사방10cm의 원단 2장의 안쪽에 접착심을 붙인다. 겉면에 레이스와 라벨을 단다. 겉끼리 맞대어 모서리에서 약 2cm떨어진 총 8곳에 각각 9cm의 끈을 끼운다. 한쪽 변에 창구멍을 남기고 봉합한 후, 겉으로 뒤집어 0.7cm폭으로 상침하여 창구멍을 막는다.
완성 사이즈 : 각 사방6.5×높이1cm

사각 자투리를 겹쳐서 봉합하기만 하면 완성!

리버서블 미니 트레이

트레이는 원단 2장을 맞춰 4변을 직선으로 봉합하고 네 귀퉁이의 끈을 묶으면 순식간에 입체적으로 변합니다. 얇은 리버서블 프린트 원단을 튼튼하게 하기 위해 안쪽 면에는 접착심을 붙였습니다.
(작품 제작:사이타마 현/타케우치 마유미)

재봉틀 불필요

재봉틀을 사용하지 않아도 손바느질이나 손뜨개로 만들 수 있는 미니 사이즈의 작품. 아이가 자고 있는 시간이나 밖에서 소잉을 즐기고 싶은 사람, 또는 재봉틀이 서툰 사람에게 딱입니다.

직선으로 봉합하기만 하면 만들 수 있는

집 모양 열쇠 케이스

그림책에 나올 듯한 소박한 색상과 모양이 사랑스러운 집 모양 열쇠 케이스. 봉합하는 부분은 아주 조금이고, 문은 양면 접착심으로 아플리케하기만 하면 되는 손쉬운 아이템입니다. 같은 패턴으로 솜을 채워 링을 달면 열쇠고리도 만들 수 있습니다.
(작품 제작 : 홋카이도/나카가와 치호)

패턴 A

재료 겉감a · b 각 20×10cm, 안감 20×15cm, 아플리케 천 2종, 양면 접착심, 1cm폭 이니셜테이프, 지름0.2cm 둥근 끈 70cm, 지름1cm 나무구슬 1개, 참 1개, 열쇠고리 링 1개

* 시접은 1cm
(아플리케는 시접 없이 재단한다)

1. 겉감을 만든다

2. 겉감과 안감을 맞춰 봉합한다

3. 정리한다

* 완성 사이즈
약 가로6×세로9cm

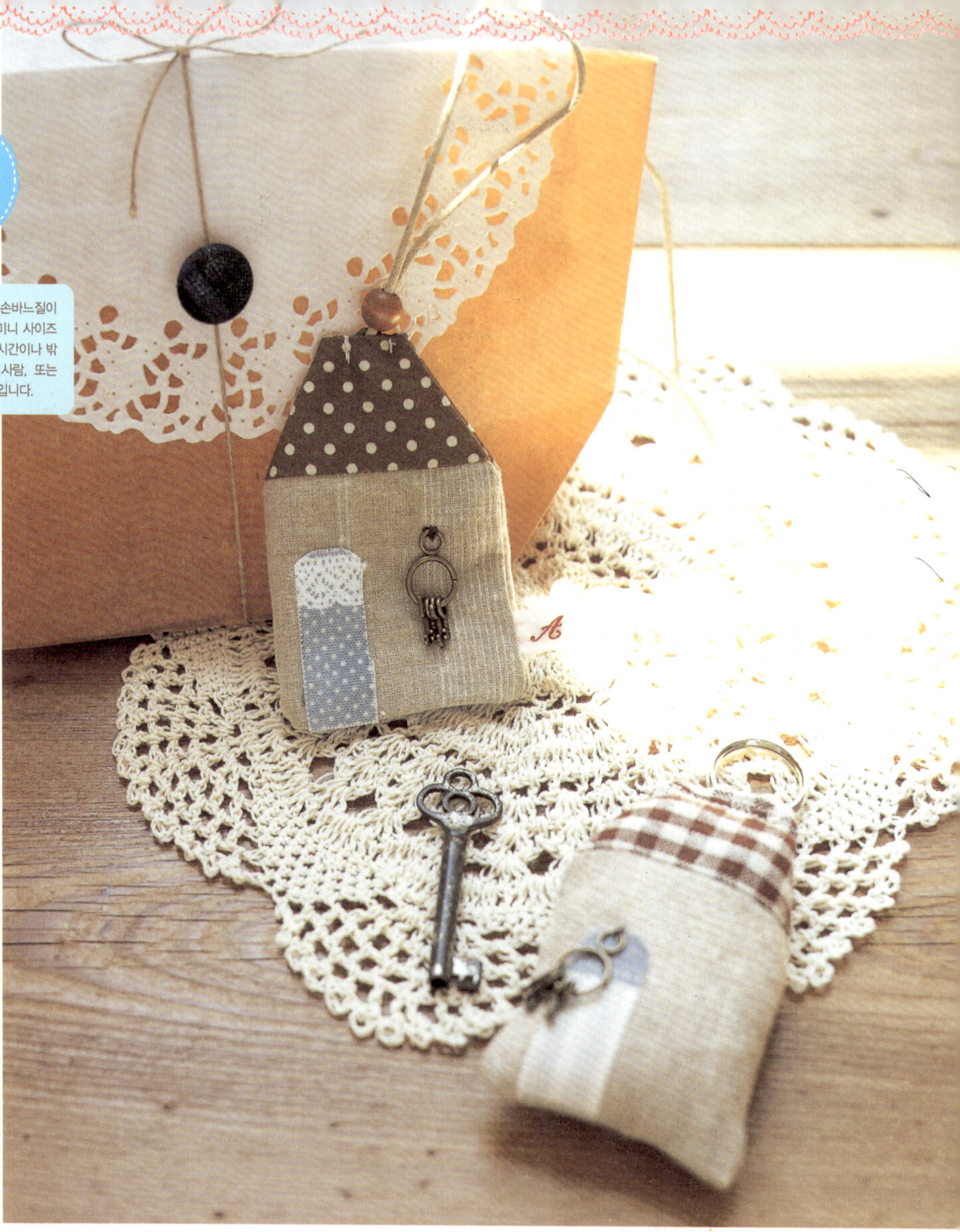

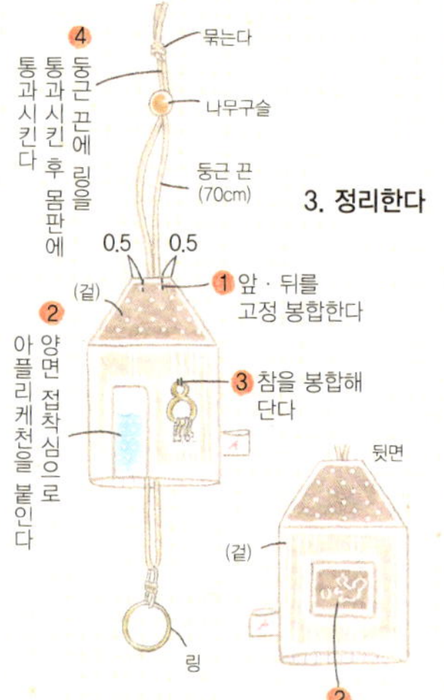

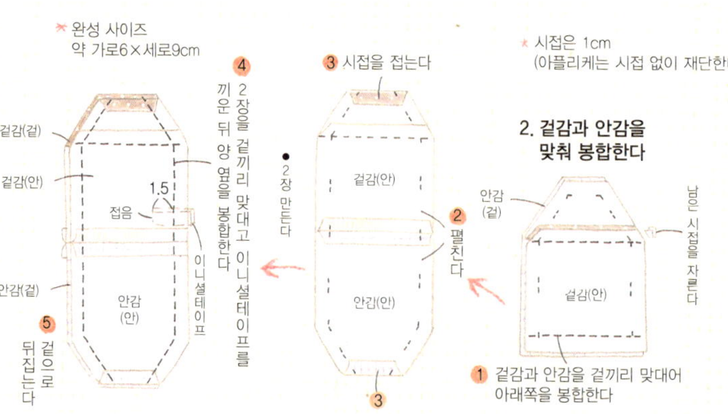

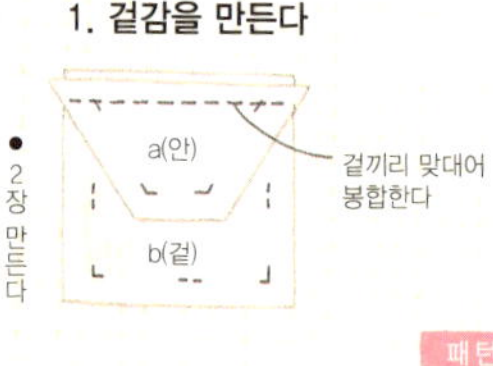

캔들 홀더

자르기만 하면 되는 펠트로 만든 스마
트한 인상을 주는 캔들 홀더. 와이어를
끼운 꽃잎을 본드로 맞춰 붙인 간단한
형태입니다. 퍼플×화이트의 콤비도 어
른스럽고 멋스럽습니다!

(작품 제작 : 가와나가 현/모리타 요시코)

자투리 천의 옷걸이

세탁소에서 받은 철사 옷걸이에 자투리
천을 감는 것만으로 이렇게 귀여운 옷걸
이가 만들어졌습니다! 본드로 고정하기
때문에 원단이 풀릴 걱정도 없습니다.
걸어둔 옷이 흘러내리지 않는 것도 장점
입니다.

(작품 제작 : 홋카이도/나카지마 세이코)

약 바닥 지름5.5 × 높이 7.5cm의
캔들 홀더 사용

바깥쪽으로 젖혀진 꽃잎을 번갈아 겹치는
것만으로도 화려한 분위기가 연출됩니다.
캔들은 꽃심 대용으로 사용합니다.

재료 펠트 사방25cm, 2.5cm폭 레이스
25cm, 펄비즈 5개, 와이어, 참, 연결링

★ 전부 시접 없이 자른다

1 와이어에 비즈를
통과시켜 비튼다

2 꽃잎A 2장 사이에 와이어를
끼우고, 본드를 붙인다

● 5개 만든다

6 연결링을 레이스에
통과시켜 참을 고정해 단다

5 레이스를 봉합해 단다

4 빙 둘러 고정 봉합한다

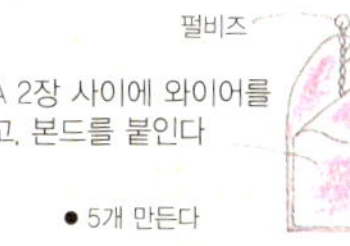

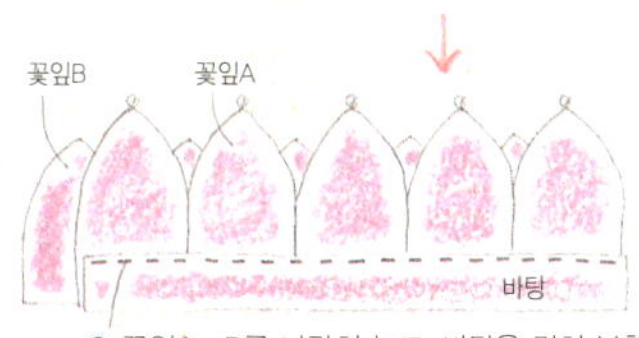

3 꽃잎A·B를 나란히 놓고, 바탕을 겹쳐 봉합한다

만드는 방법

후크의 끝에서부터 원단을 감기 시작한다. 옷
걸이에 본드를 묻혀가면서 2cm폭의 자투리
천을 조금씩 겹쳐 감아간다. 도중에 원단이
부족해 지면, 끝에 새로운 원단을 겹쳐서 이
어 감아가면 된다.

작기 ㄸ때문에 금방 만들 수 있다!

여러 가지 핸드메이드 용품

크기도 작고 만드는 방법도 대체로 간단한, 생각났을 때 바로 시작해도 금방 만들 수 있는 즐거운 소품을 모았습니다. 귀여운 소품이 많기 때문에 보기만 해도 자꾸 만들고 싶어질 것입니다!

파스텔 컬러가 사랑스럽습니다.

재봉틀 불필요

나비 고리

볼록한 감촉과 소박한 스티치가 사랑스러운 나비. 본드를 묻혀 단단하게 고정한 더듬이가 포인트입니다. 펠트는 다루기 쉽기 때문에 작품을 민들기 편합니다. 가로로 연결하면 갈런드로도 사용할 수 있습니다.
(작품 제작 : 에히메 현/쿠리타 이즈미)

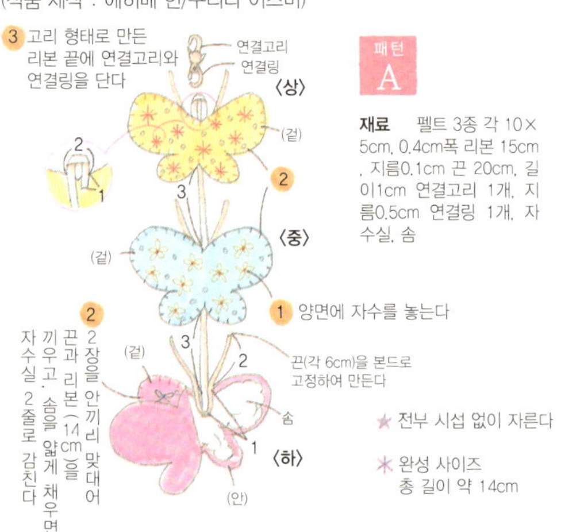

다리에 바퀴가 달린 앤티크한 봉제인형을 모티브로 만든 마스코트. 펠트는 시접 없이 자르기 때문에 안끼리 맞대어 겹치고 감치기만 하면 됩니다. 봉합하는 곳도 조금이기 때문에 금방 완성됩니다.
(작품 제작 : 시즈오카 현/야키야마 치아키)

재봉틀 불필요

강아지 인형

만드는 방법 패턴 A
몸판 2장에 눈을 수놓고 안끼리 맞닿게 겹친 후 솜을 채우면서 둘레를 감친다. 몸통에 천을 감아 고정 봉합하고 코와 개목걸이, 단추를 달아 완성한다.
완성 사이즈 약 가로5.5×세로4.5cm

"이거, 혹시 직접 만든거야?"

크기가 작아도 존재감이 뛰어난 원단 소품은

가족이나 친구들에게도 주목의 대상이 됩니다.

꽃 단추 집게

자르기만 하면 완성

밋밋한 니무 집게에 사부리천과 펠트로 귀여움을 더했습니다. 펠트 꽃은 자르기만 하면 되고, 자투리천은 본드로 집게에 붙였습니다. 컬러풀한 색으로 즐기는 핸드크래프트 감각의 소품입니다.
(작품제작 : 사이타마 현/토모미)

패브릭테이프

양면테이프의 한쪽에 자투리천을 붙이기만 하면 패브릭
테이프가 완성됩니다. 패치워크의 패널 무늬 등을 이용하
면 더 간편합니다. 자르는 위치에 따라 분위기가 변하는
것도 즐겁습니다!
(작품 제작 : 나라 현/차탄 아츠고)

사랑스러움이 가득한
패브릭테이프는 선물
하기 좋은 아이템입
니다. 테이프에 사용
할 자투리 천은 톤을
맞춰 주세요.

원단 실(seal)

린넨의 자투리 천에 스탬프를 찍어 핑킹가위로 주위를 자르면 우표 모양의 멋스
러운 소품으로 변신합니다. 실(seal)로 사용하는 경우에는 안쪽에 양면테이프를
붙이고 나서 주위를 잘라주세요.
(작품 제작 : 아이치 현/아카시 아사코)

재료　몸판 사방15cm, 0.2cm폭 가죽끈 5cm, 0.5cm폭 리본 15cm,
자수실, 솜, 볼 체인

★ 시접은 0.5cm

패턴 A

✱ 완성 사이즈　　총 길이 약 9.5cm

이름표 마스코트 참

2장의 원단을 맞춰 봉합한 매우 심플한 마스코트는 배에 이
름을 수놓아 명찰대용으로 만들었습니다. 이 소박한 귀여
움은 손바느질이 아니고는 느낄 수 없습니다. 솜을 채우는
정도에 따라 느낌이 바뀝니다.
(작품 제작 : 교토 부/야스요)

작은 조각도 버릴 수 없다!

마음에 드는 자투리 천을 사용하여

사랑스럽게 만들어 보세요.

사과 아플리케 액자

패턴 A

액자에 사과를 아플리케하여 현관에 장식하기 좋은 소품을 만들었습니다. 아플리케 천에는 접착심을 붙였기 때문에 시접 없이 재단해도 괜찮습니다. 소박한 자수가 귀여움을 더합니다.
(작품 제작 : 치바 현/사카키바라 사치코)

열쇠 케이스&키홀더

검은색 자투리 천을 모아 만든 시크한 느낌의 소품. 어두운색을 사용했기 때문에 부드러운 촉감의 소재를 사용했습니다. 겉감과 안감의 옆선을 한꺼번에 봉합하여 뒤집기 때문에 작업이 간단합니다!
(작품 제작 : 후쿠시마 현/히로타 마유미)

패턴 A

재료 겉감a 10×15cm, 겉감b 15×20cm, 안감 15×25cm, 접착 퀼팅솜 25×15cm, 접착심 25×15cm, 1.5cm폭 라벨, 0.3cm폭 가죽끈 30cm, 길이 3cm 연결고리 1개, 지름2.5cm 링 1개

★ 시접은 1cm

열쇠 케이스

1 ㉠→㉡ 순으로 겉감을 만든다
라벨을 단다
㉠ 연결 봉합한다
겉감(겉)
안감(안)
입구쪽
a
b
겉감(겉)
㉡ 접착 퀼팅솜을 붙인다

2 안감에 접착심을 붙이고 겉감과 안감을 겉끼리 맞대어 봉합한다
● 2장 만든다
겉감(겉)

3 겉감·안감을 겉끼리 맞대어 트임 입구와 창구멍을 남기고 봉합한다
겉감(겉) 창구멍 안감(겉)
트임입구 겉감(안) 안감(안) 트임입구

6 가죽끈을 통과시키고, 연결고리와 링을 단다
연결고리

5 윗부분에서 겉감과 안감을 고정 봉합한다
겉감(겉)

4 겉으로 뒤집고, 안감의 창구멍을 막는다
링

★ 완성 사이즈 약 가로8×세로9.5cm

재료 겉감a 15×10cm, 겉감b 15×10cm, 0.9cm폭 레이스 10cm, 1cm폭 린넨 테이프 5cm, 지름2.5cm 링 1개, 솜

키홀더

1 a와 b를 겉끼리 연결하여 봉합한다
(겉)
접음 a
b
4
6
4

2 레이스를 겹쳐 봉합한다

3 린넨테이프를 임시고정한다
(겉)
● 2장 만든다

4 2장을 겉끼리 맞대어 창구멍을 남기고 봉합한다
(겉) (인) 창구멍 2.5

5 겉으로 뒤집어 솜을 채우고 창구멍을 막는다
(겉)

6 링을 통과시킨다
B.3.Mom
(겉)

★ 완성 사이즈 약 가로4×세로10cm

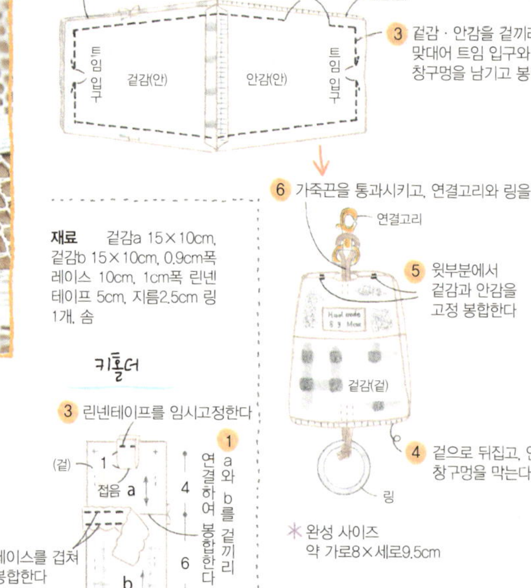

오너먼트를 두꺼운 종이에 붙이면 입체카드로 변신합니다. 두꺼운 종이나 테이프를 다양한 색으로 센스있게 꾸며보세요.

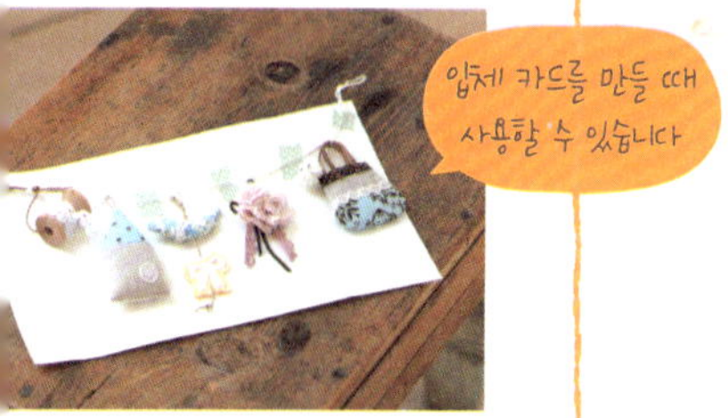

입체 카드를 만들 때
사용할 수 있습니다

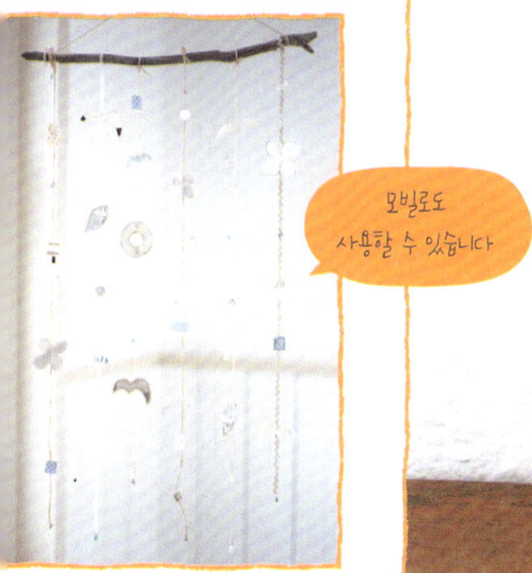

모빌로도
사용할 수 있습니다

오너먼트를 세로로 연결하면 모빌로 사용할 수 있습니다. 끈을 블레이드테이프나 린넨테이프 등으로 변화를 주면 느낌이 다양해집니다.

(작품 제작 : 미야기 현/카오리)

재봉틀 불필요

모티브 오너먼트

연결하면 갈런드로 변신!

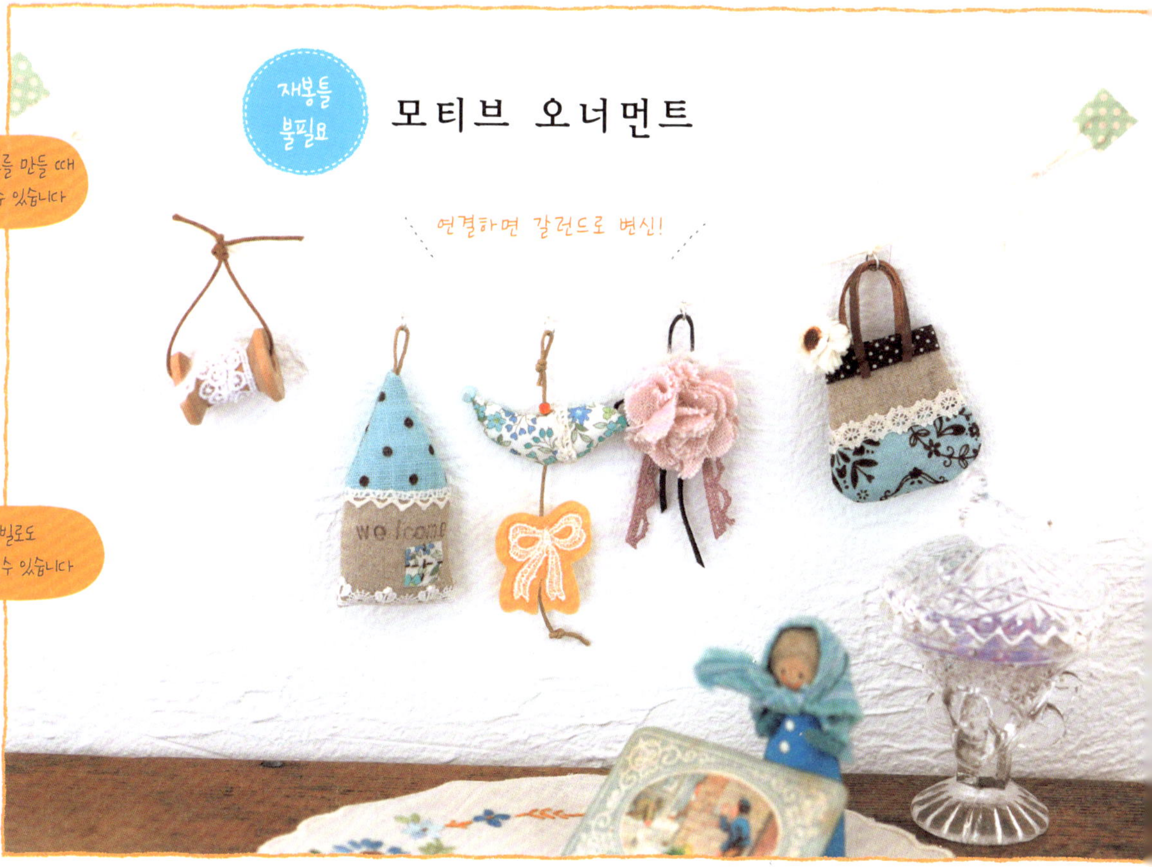

작은 오너먼트는 크기가 작기 때문에, 홈질로 쉽게 봉합할 수 있어 즐겁습니다. 다양한 모양으로 완성한 오너먼트는 톤을 맞췄기 때문에 통일감이 있습니다.

(작품 제작 : 효고 현/가와사키 타카고)

1. 각 오너먼트를 만든다

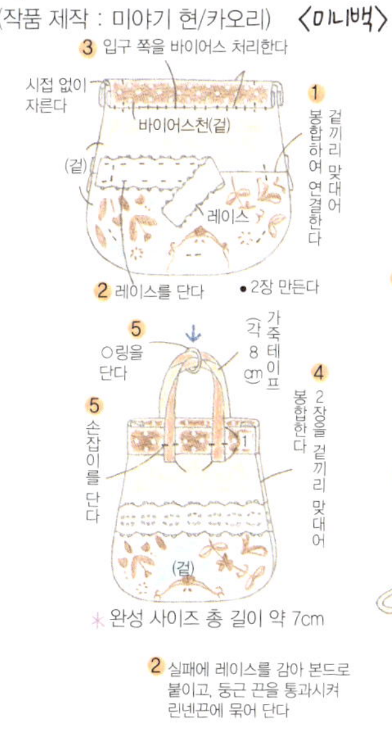

<미니백>
3 입구 쪽을 바이어스 처리한다
시접 없이 자른다
바이어스천(겉)
(겉)
레이스
1 겉끼리 맞대어 봉합하여 연결한다
2 레이스를 단다
•2장 만든다
5 O링을 단다
가죽테이프 각 8cm
4 2장을 겉끼리 맞대어 봉합한다
5 손잡이를 단다
(겉)
완성 사이즈 총 길이 약 7cm

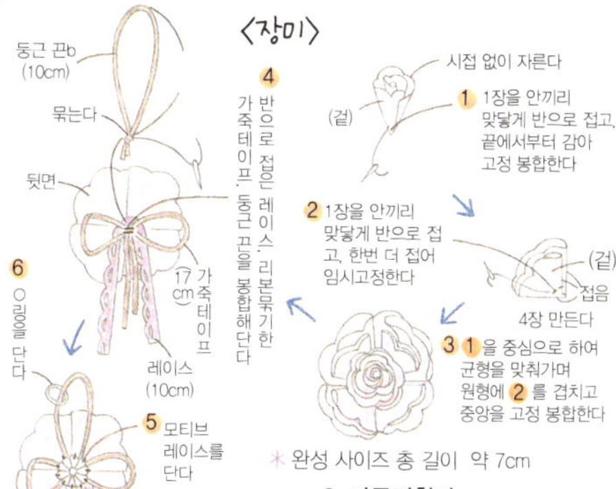

<장미>
둥근 끈b (10cm)
묶는다
뒷면
6 O링을 단다
17cm 가죽테이프
레이스 (10cm)
4 반으로 접은 레이스, 리본묶기한 가죽테이프, 둥근 끈을 봉합해 단다
5 모티브 레이스를 단다
시접 없이 자른다
(겉)
1 1장을 안끼리 맞닿게 반으로 접고, 끝에서부터 감아 고정 봉합한다
2 1장을 안끼리 맞닿게 반으로 접고, 한번 더 접어 임시고정한다
(겉)
접음
4장 만든다
3 1을 중심으로 하여 균형을 맞춰가며 원형에 2를 겹치고 중앙을 고정 봉합한다
완성 사이즈 총 길이 약 7cm

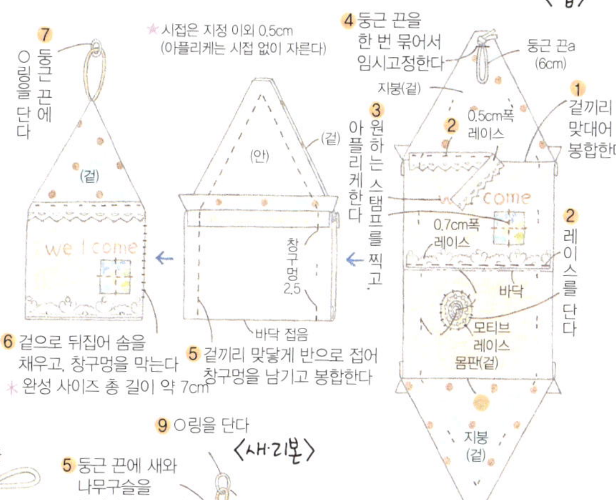

<집>
7 둥근 끈에 O링을 단다
시접은 지정 이외 0.5cm (아플리케는 시접 없이 자른다)
(겉)
(안)
(겉)
창구멍 2.5
바닥 접음
3 원하는 스탬프를 찍고, 아플리케한다
6 겉으로 뒤집어 솜을 채우고, 창구멍을 막는다
5 겉끼리 맞닿게 반으로 접어 창구멍을 남기고 봉합한다
완성 사이즈 총 길이 약 7cm
4 둥근 끈을 한 번 묶어서 임시고정한다
지붕(겉)
둥근 끈a (6cm)
2 0.5cm폭 레이스
1 겉끼리 맞대어 봉합한다
0.7cm폭 레이스
2 레이스를 단다
바닥
모티브 레이스
몸판(겉)
지붕 (겉)

2. 마무리한다

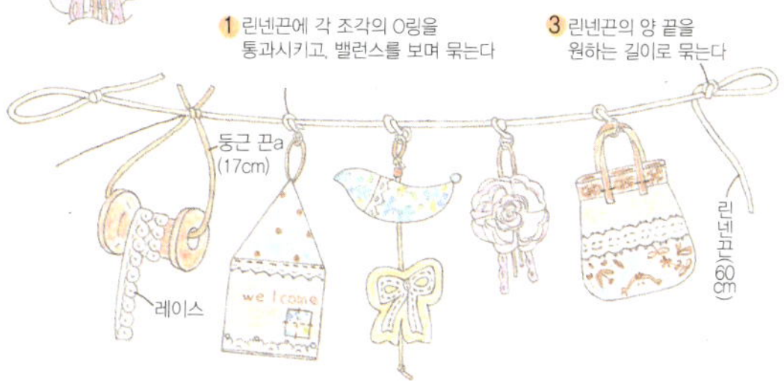

1 린넨끈에 각 조각의 O링을 통과시키고, 밸런스를 보며 묶는다
3 린넨끈의 양 끝을 원하는 길이로 묶는다
둥근 끈a (17cm)
린넨끈(60cm)
레이스
2 실패에 레이스를 감아 본드로 붙이고, 둥근 끈을 통과시켜 린넨끈에 묶어 단다

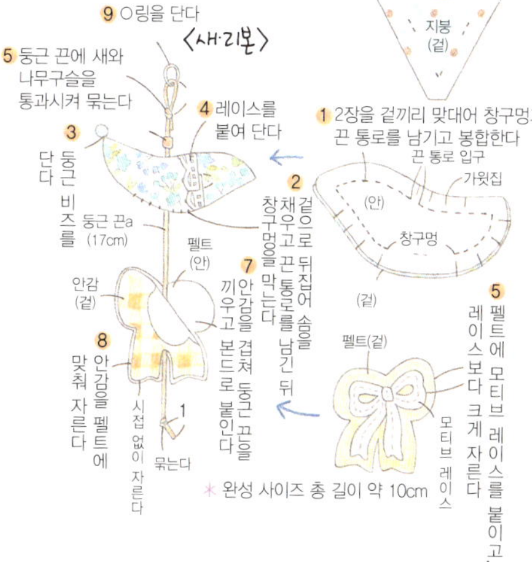

<새·리본>
9 O링을 단다
5 둥근 끈에 새와 나무구슬을 통과시켜 묶는다
4 레이스를 붙여 단다
3 둥근 비즈를 단다
둥근 끈a (17cm)
펠트 (안)
안감 (겉)
8 안감을 펠트에 맞춰 자른다
시접 없이 자른다
묶는다
1 2장을 겉끼리 맞대어 창구멍과 끈 통로를 남기고 봉합한다
끈 통로 입구
가윗집
(안)
창구멍
2 겉으로 뒤집어 솜을 채우고 끈 통로를 남긴 뒤 창구멍을 막는다
7 안감을 겹쳐 둥근 끈을 끼우고 본드로 붙인다
(겉)
펠트(겉)
모티브 레이스
5 펠트에 모티브 레이스를 붙이고 레이스보다 크게 자른다
완성 사이즈 총 길이 약 10cm

패턴 A

재료 **집** : 지붕 사방10cm, 몸판 10×15cm, 0.5cm폭 레이스 5cm, 0.7cm폭 레이스 5cm, 모티브 레이스 1장, 아플리케 천, 솜, 자수실 / **장미** : 꽃잎 30×5cm, 0.2cm폭 가죽테이프 20cm, 지름0.1cm 둥근 끈b 10cm, 1cm폭 레이스 10cm, 모티브 레이스 1장 / **미니백** : 몸판 2종 각 사방10cm, 1cm폭 레이스 15cm, 3cm폭 바이어스천 10cm, 0.3cm폭 가죽테이프 20cm / **새** : 겉감 사방10cm, 0.5cm폭 레이스 5cm, 지름0.4cm 둥근 비즈 1개, 솜, 지름0.3cm 나무구슬 1개 / **리본** : 리본 모양 모티브 레이스 1장, 안감 사방5cm, 펠트 / **실패** : 3cm폭 실패 1개, 1cm폭 레이스 15cm / **공통** : 지름0.2cm 린넨끈 60cm, 지름0.1cm 둥근 끈a 40cm, 지름0.6cm O링 4개

폭신폭신 자석

양모펠트를 둥글게 만들어 붙인 자석은 바느질도 필요 없는 간단한 소품입니다. 펠트를 둥글게 만들 때 다른 색을 섞으면 마블 무늬로, 5mm정도로 둥글게 만든 것을 달면 도트무늬가 됩니다.

(작품 제작 : 효고 현/시미즈 아키코)

만드는 방법
양모펠트를 바늘 등으로 공모양이나 정육면체 모양으로 정리하고, 안쪽에 자석 시트를 본드로 붙인다.

미니 케이스 &향기 주머니

둘 다 거의 직선 박기로 만들 수 있는 손바닥만한 사이즈의 소품입니다. 딸기무늬와 도트무늬의 대담한 콤비네이션도 미니 사이즈에서는 이렇게 귀엽습니다! 향기 주머니는 솜을 채워 둥글게 완성했습니다.

(작품 제작 : 군마 현/시미즈 유미)

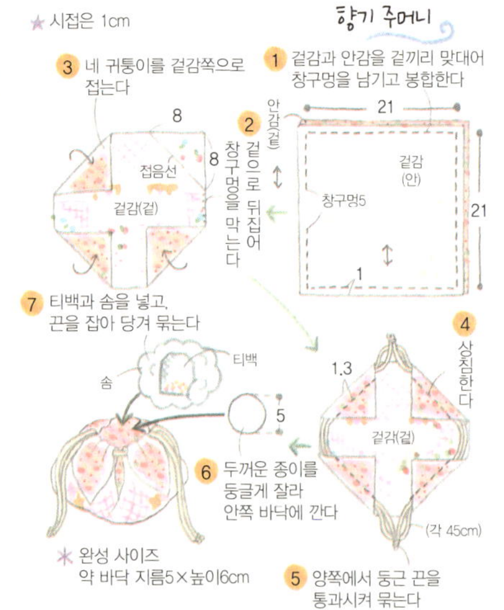

미니 케이스

재료 몸판 겉감 10×20cm, 몸판 안감·덮개 안감 사방20cm, 덮개 겉감 사방10cm, 0.2cm지름 둥근 끈 5cm, 지름1.2cm 단추 1개

1. 겉몸판을 만든다

1 겉끼리 맞닿게 반으로 접어 양 옆선을 봉합한다

2 바닥과 옆을 맞닿게 접어 밑모서리를 봉합한다

제도
몸판(겉감·안감 각 1장)
7.5 / 입구쪽 / 몸판(겉감·안감 각 1장) / 접음 / 14

덮개(겉감·안감 각 1장)
6 / 0.7 / 1.5 / 1.5 / 6

★ 시접은 1cm

2. 안몸판을 만든다

안몸판은 한쪽 옆선에 창구멍을 남기고, 겉몸판과 같은 방법으로 만든다

창구멍3

3. 겉·안몸판을 연결한다

1 겉몸판과 안몸판을 겉끼리 맞대어 입구를 봉합한다

2 겉으로 뒤집어 창구멍을 막고, 입구쪽을 상침한다

4. 덮개를 만들어 마무리한다

1 2장을 겉끼리 맞대어 둥근 끈을 끼운 후, 창구멍을 남기고 봉합한다

덮개
겉몸판(겉) / 창구멍3 / 안몸판(안) / 둥근 끈(5cm)

2 겉으로 뒤집어 상침한다
덮개 겉감(겉) / 1.5 / 0.75 / 겉몸판(겉)

3 덮개를 몸판에 겹쳐 공그르기해 단다

4 단추를 단다

★ 완성 사이즈
약 가로5.5×세로6cm
밑모서리 폭 약 2cm

향기 주머니

재료(1개 분) 겉감 사방25cm, 안감 사방25cm, 지름0.2cm 둥근 끈 90cm, 티백 1개, 두꺼운 종이, 솜

★ 시접은 1cm

1 겉감과 안감을 겉끼리 맞대어 창구멍을 남기고 봉합한다
21 / 겉감(안) / 창구멍5 / 21 / 1

2 창구멍으로 뒤집어 창구멍을 막는다
8 / 8

3 네 귀퉁이를 겉감쪽으로 접는다
접음선 / 겉감(겉)

4 상침한다
1.3 / 겉감(겉) / (각 45cm)

5 양쪽에서 둥근 끈을 통과시켜 묶는다

6 두꺼운 종이를 둥글게 잘라 안쪽 바닥에 깐다
5

7 티백과 솜을 넣고, 끈을 잡아 당겨 묶는다
솜 / 티백

★ 완성 사이즈
약 바닥 지름5×높이6cm

홍차 향기 주머니

귀여운 삼각형 우유팩 모양을 작은 직사각형의 원단으로 표현했습니다. 향기의 근원은 홍차. 티백을 사용하면 안감을 만드는 시간을 줄일 수 있습니다. 작은 리본이나 꽃으로 장식하여 디자인의 디테일을 더해 주세요.
(작품 제작 : 히로시마 현/마사키 케이코)

재료(1개 분) 몸판 20×10cm, 0.8cm폭 레이스 10cm, 0.4cm폭 레이스 5cm, 홍차 티백 2개, 장식 1개

★ 시접은 1cm

4 겉으로 뒤집어 티백을 넣은 후, 시접을 안쪽으로 접어 넣고 레이스를 끼워 감친다

0.4cm폭 레이스(4cm)
접음
몸판 (겉)

5 원하는 장식을 단다

3 2의 바늘땀을 중앙으로 옮겨, 아래쪽을 봉합한다

2 겉끼리 맞닿게 반으로 접고, 바닥을 봉합한다

✳ 완성 사이즈 1변 길이 약 7cm

미니 마르셰백

코바늘과 실만 있으면 금방 완성되는 손뜨개 소품입니다. 여러 개 만들어 함께 장식하면 귀엽습니다. 단추나 클립 등 작은 것을 수납하기 좋습니다.
(작품 제작 : 시즈오카 현/오쿠라 마치고)

1 바닥에서부터 짧은뜨기로 떠가기만 하면 됩니다. 뜨개 초보자도 꼭 도전해보세요!
2 실물 크기 그대로 자른 가죽을 손잡이로 만들어 사용했습니다.

재료(1개 분) 코튼실 2종, 5/0호 코바늘, 손잡이용 가죽 10×5cm

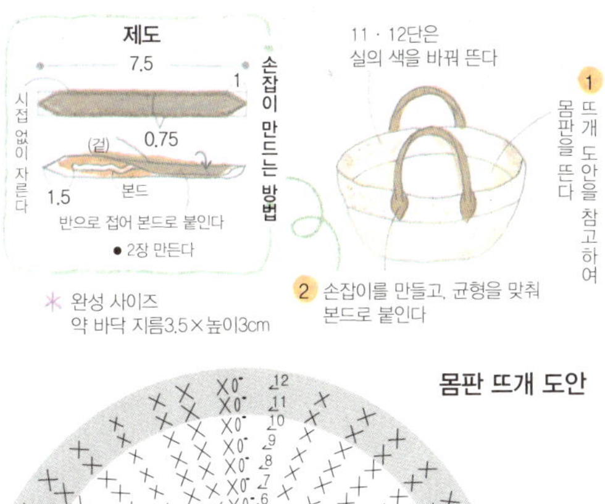

✳ 완성 사이즈 약 바닥 지름3.5×높이3cm

몸판 뜨개 도안

⊃ = 사슬뜨기
● = 빼뜨기
✕ = 짧은뜨기
ᐱ = 짧은 2코 모아뜨기

꽃 그림 맞추기 카드

★ 전부 시접 없이 자른다

재료(1장 분) 앞판용 펠트 사방10cm, 뒤판용 펠트 사방10cm, 얼굴용 펠트 사방10cm, 눈·코·입용 펠트, 꽃술 사방5cm, 접착심 사방5cm, 두꺼운 종이

패턴 A

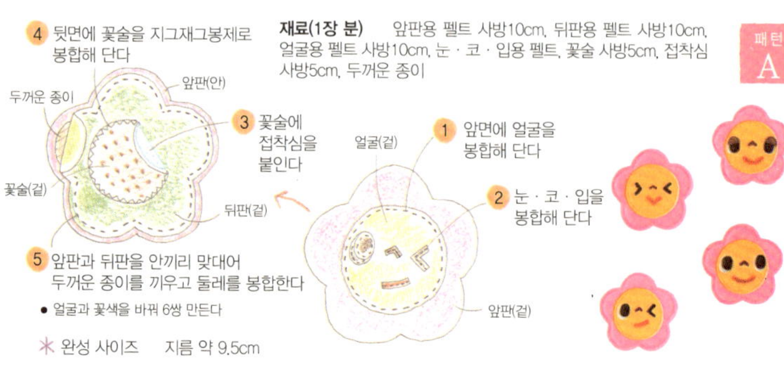

★ 완성 사이즈 지름 약 9.5cm

펠트는 다루기 쉬울 뿐만 아니라, 촉감이 좋기 때문에 아이 장난감을 만들기에 좋습니다. 카드의 조각은 재봉틀로 봉합해도 되지만, 접착식 펠트를 사용하면 더욱 간단합니다.

(작품 제작 : 히로시마 현/후지 토모코)

도마뱀 인형

도마뱀의 집을 이미지화한 잎사귀 모양 집도 세트로 제작. 놀이가 끝나면 이곳에 정리합니다.

모티브가 도마뱀이라는 발상이 재밌습니다. 입체 봉제인형이라고 해도 조각(패턴)은 2장 밖에 없기 때문에 만드는 방법이 간단합니다. 솜을 너무 많이 채우지 않는 것이 훨씬 리얼한 모습으로 완성하는 포인트입니다.

(작품 제작 : 미야기 현/스즈키 카나)

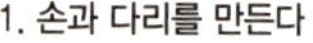

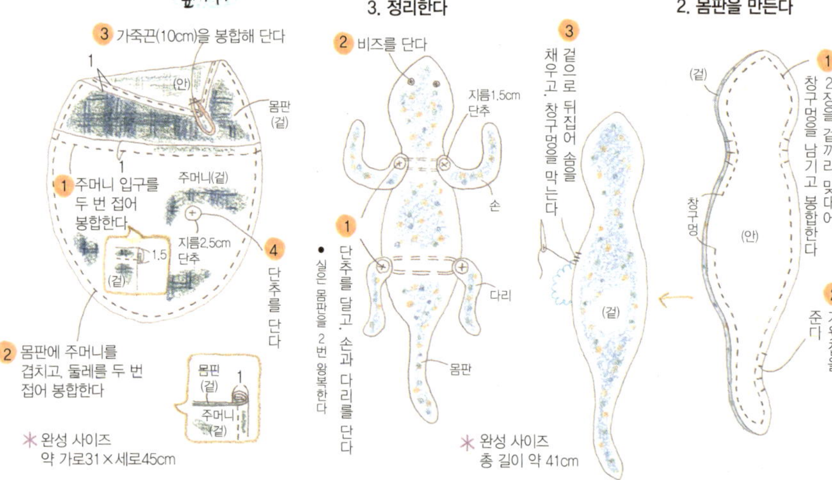

★ 시접은 지정 이외 0.7cm

패턴 A

재료 도마뱀 : 몸판·손·다리 사방50cm, 지름1.5cm 단추 4개, 지름0.5cm 비즈 2개, 솜 잎사귀 : 몸판·주머니 80×50cm, 지름2.5cm 단추 1개, 지름0.3cm 가죽끈 10cm

소꿉놀이 세트

자르기만 하면 완성

도너츠와 과일 등 아이들이 좋아하는 간식을 하나하나 직접 만들었습니다. 펠트는 색이 진하기 때문에 아이 장난감 만들기에 딱입니다. 게다가 자르기만 하면 되기 때문에 작업 시간도 단축됩니다!

(작품 제작 : 아이치 현/사카키바라 토모코)

패턴 A

★ 전부 시접 없이 자른다

재료 옥수수 : 옥수수 사방10cm, 껍질용 펠트 20×10cm, 자수실, 솜 **포도** : 포도알 25×10cm, 대용 펠트 사방 5cm, 솜 **도너츠** : 펠트 3종, 자수실, 솜

옥수수

1. 옥수수를 만든다

② 위쪽을 한 바퀴 홈질하여 실을 잡아 당긴다

① 겉끼리 맞닿게 반으로 접어 봉합한다 0.5 접음 (안) 0.5

③ 겉으로 뒤집어 아래쪽을 한 바퀴 홈질하고, 솜을 채운다

2. 마무리한다

① 대칭으로 껍질을 2장 봉합해 단다

② 껍질 4장을 봉합해 단다 껍질은 봉합하지 않는다 공그르기

★ 완성 사이즈 약 가로3×세로6.5cm

포도

1. 포도알을 만든다

① 원단 끝을 접고, 홈질한다

② 솜을 채우고, 실을 잡아당긴다 ●10개 만든다

2. 줄기를 만든다

① 돌돌 말아 고정 봉합한다 ●2개 만든다

② 맞춰 봉합한다

3. 마무리한다

① 포도알을 맞춰 봉합한다

② 대를 봉합해 단다 1개 → 5개 → 3개 → ←1개

③ 적당한 위치에 자수를 놓는다 스트레이트 스티치 (2가닥)

④ 안쪽으로 0.5cm 접어 넣고, 실을 잡아당긴다

★ 완성 사이즈 약 세로8×가로4cm

도너츠

① 2장을 맞춰 안둘레를 봉합한다 블랭킷 스티치 (1가닥)

② 솜을 채우면서 바깥둘레를 봉합한다

③ 크림에 아플리케한다

④ 도너츠에 크림을 봉합해 단다

★ 완성 사이즈 직경 약 7.5cm

패턴 A

재료(사과) 몸판 6장 각 10×15cm, 줄기·잎사귀용 워셔블 펠트, 펠릿

★ 시접은 지정 이외 0.5cm

① 몸판 2장을 겉끼리 맞대어 한 쪽을 봉합한다

② 2장을 펴고, 시접을 가름솔한다

③ 다른 1장을 겉끼리 맞대어 봉합한다 (겉) 몸판(겉) 몸판(안)

④ 펼쳐서 시접을 가름솔한다 (겉) (안)

⑤ 줄기를 만든다 펠트(시접 없이 자른다) 2장을 맞춰 봉합한다

⑥ 2장을 겉끼리 맞대어 줄기를 끼운 후, 창구멍을 남기고 봉합한다 3창구멍 ●2장 만든다

⑦ 겉으로 뒤집어 펠릿을 채우고, 창구멍을 막는다

⑧ 잎사귀를 공그르기로 봉합해 단다

★ 완성 사이즈 직경 약 7cm

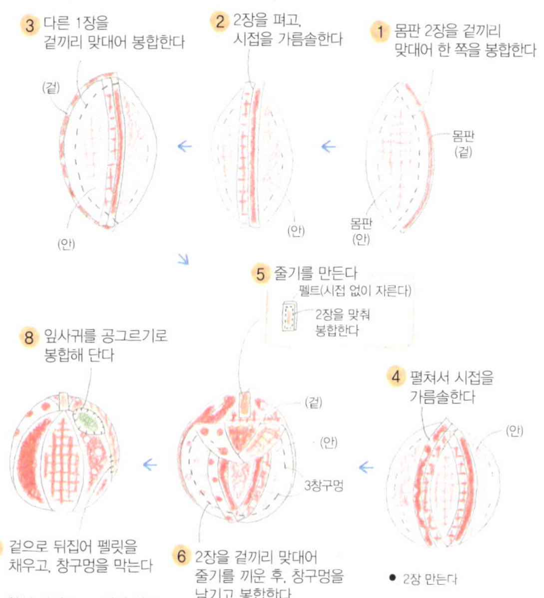

파인애플, 사과, 밤……. 과일과 같은 색의 원단에 잎사귀를 달아 과일을 즐겁게 표현했습니다. 작기 때문에 순식간에 완성. 세탁할 수 있는 펠트이기 때문에 아기가 물거나 빨아도 괜찮습니다.

(작품 제작 : 히로시마 현/후지모토 토모코)

재봉틀 불필요

과일 오자미

펠릿은 적당히 채웁니다

장식해두고 싶어지는
핀쿠션

재봉틀
불필요

손목 핀쿠션

다림질을 하거나, 봉제를 하는 등의 작업에는 손목에 끼우는 핀쿠션이 편리합니다. 솜을 가득 채우면 바늘이 단단하게 꽂히고, 모양도 동글동글 귀여워집니다.
(작품 제작 : 이바라키 현/세키노 마리코)

고무줄이 들어간 밴드이기 때문에 손목에 딱 맞게 고정됩니다. 창작 의욕이 한 층 더 높아질 것 같습니다!

진짜 선인장은 무엇일까요?

재봉틀
불필요

선인장 핀쿠션

6장을 이은 원단 사이에 거즈를 끼워 가시처럼 보이게 했습니다. 빵빵하게 솜을 채운 선인장을 화분에 올려놓으면 완성. 화분 안에는 실이나 골무를 수납할 수 있습니다.
(작품 제작 : 시즈오카 현/지브 카나코)

재봉틀
불필요

사과 핀쿠션

바늘을 찌르기가 아까울 정도로 사랑스러운 사과 핀쿠션! 짧은 뜨기로 뜬 바구니에 둥글게 만든 양모펠트를 넣고 잎사귀를 달아주기만 하면 완성입니다. 반짇고리를 꺼내지 않고 만들 수 있는 간단한 아이템입니다.
(작품 제작 : 효고 현/미리쇼와 미요코)

선물 상자 핀쿠션

직사각형의 핀쿠션이기 때문에 체크무늬 원단
등 직선을 그리기 쉬운 원단을 사용하면 직접
재단도 OK! 마지막에 선물 상자처럼 끈을 묶으
면 세련된 소품으로 변신합니다.
(작품 제작 : 시즈오카 현/오쿠라 마코)

예쁜 모양을 내기 위해
가장자리에 상침을 했
습니다. 옆판도 한 장
한 장 원단을 바꿔 즐
겁게 만들어보세요.

고슴도치 핀쿠션

루프 트위드 원단으로 만든 유머러
스한 디자인. 손바닥에 쏙 들어가는
사이즈라 더욱 귀엽습니다. 엄마 고
슴도치를 완성하면 사이즈가 작은
새끼 고슴도치는 좀 더 간단하게 만
들 수 있습니다.
(작품 제작 : 와카야마 현/카토 히로코)

난쟁이 신발과 꽃바구니 핀쿠션

동화나라에서 튀어나온 듯한 작은 신발과 자수가 사랑스
러운 꽃바구니 핀쿠션. 펠트는 자르기만 하면 되기 때문에
입체적으로 조립하는 것도 간단합니다!
(작품 제작 : 시즈오카 현/야키야마 치아키)

← 만드는 방법은 다음 페이지

18 페이지　손목 핀쿠션

패턴 A

재료(1개 분) 손목밴드·바닥 25×15 cm, 패치워크 원단 4종, 1.5cm폭 레이스 35cm, 0.3cm폭 새틴 리본 15cm, 1cm폭 고무줄 20cm, 솜, 두꺼운 종이

★ 시접은 지정 이외 1cm

1. 몸판을 만든다

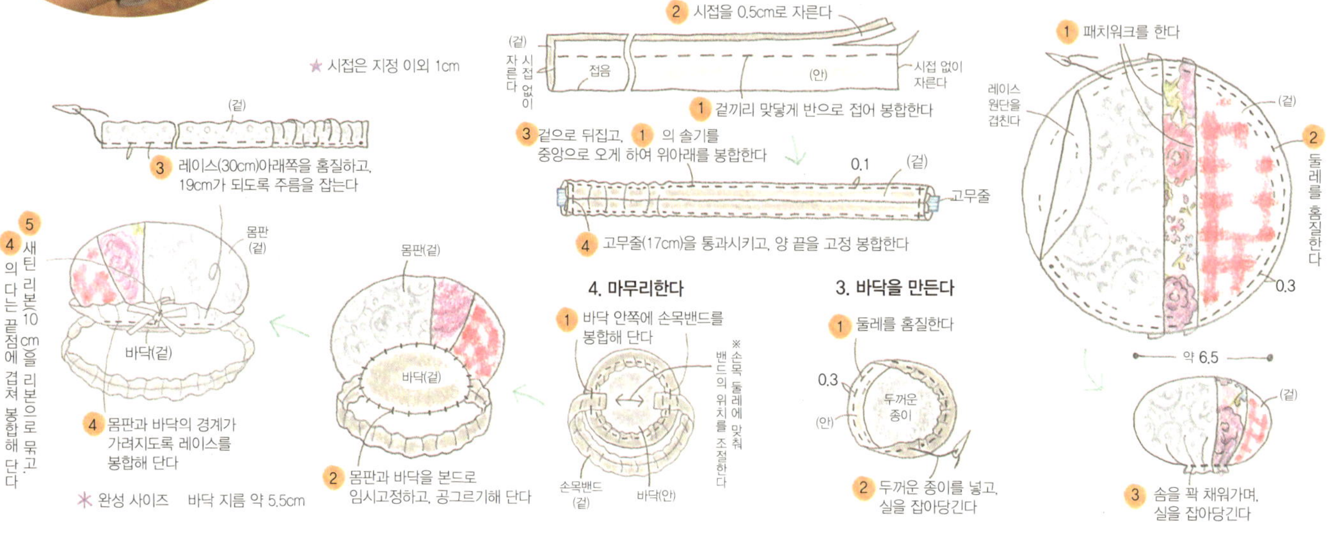

① 패치워크를 한다

레이스 원단을 겹친다

(겉)

② 둘레를 홈질한다

0.3

약 6.5

(겉)

2. 손목밴드를 만든다

② 시접을 0.5cm로 자른다

(겉) (안)

자 시 접 없 이 자 른 다

접음

시접 없이 자른다

① 겉끼리 맞닿게 반으로 접어 봉합한다

③ 겉으로 뒤집고, ① 의 솔기를 중앙으로 오게 하여 위아래를 봉합한다

0.1 (겉)

고무줄

④ 고무줄(17cm)을 통과시키고, 양 끝을 고정 봉합한다

3. 바닥을 만든다

① 둘레를 홈질한다

0.3 (안)

두꺼운 종이

② 두꺼운 종이를 넣고, 실을 잡아당긴다

③ 솜을 꽉 채워가며, 실을 잡아당긴다

4. 마무리한다

① 바닥 안쪽에 손목밴드를 봉합해 단다

※손목 밴드의 둘레에 맞춰 밴드의 위치를 조정한다

손목밴드(겉)　바닥(안)

② 몸판과 바닥을 본드로 임시고정하고, 공그르기해 단다

③ 레이스(30cm)아래쪽을 홈질하고, 19cm가 되도록 주름을 잡는다

몸판(겉)

몸판(겉)

바닥(겉)

바닥(겉)

⑤ 새 틴 리 본 10 cm 의 다 는 끝 점 에 겹 쳐 봉 합 해 묶 는 다

④ 새틴 리본 10cm를 끝점에 겹쳐 봉합으로 묶고,

④ 몸판과 바닥의 경계가 가려지도록 레이스를 봉합해 단다

✱ 완성 사이즈　바닥 지름 약 5.5cm

---

18 페이지　사과 핀쿠션

✱ 완성 사이즈　약 지름3×높이2.5cm

재료(1개 분) 양모, 임사귀용 펠트, 린넨실(가는 것)2종, 3/0호 코바늘, 가지용 둥근 끈(브라운)

바구니의 뜨개 도안

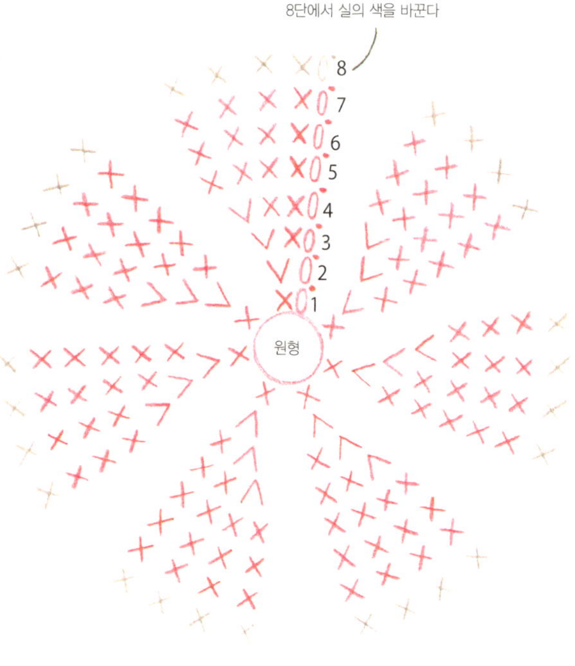

○ 사슬뜨기
● 빼뜨기
✕ 짧은뜨기
∨ 짧은 2코 늘려뜨기

---

18 페이지　선인장 핀쿠션

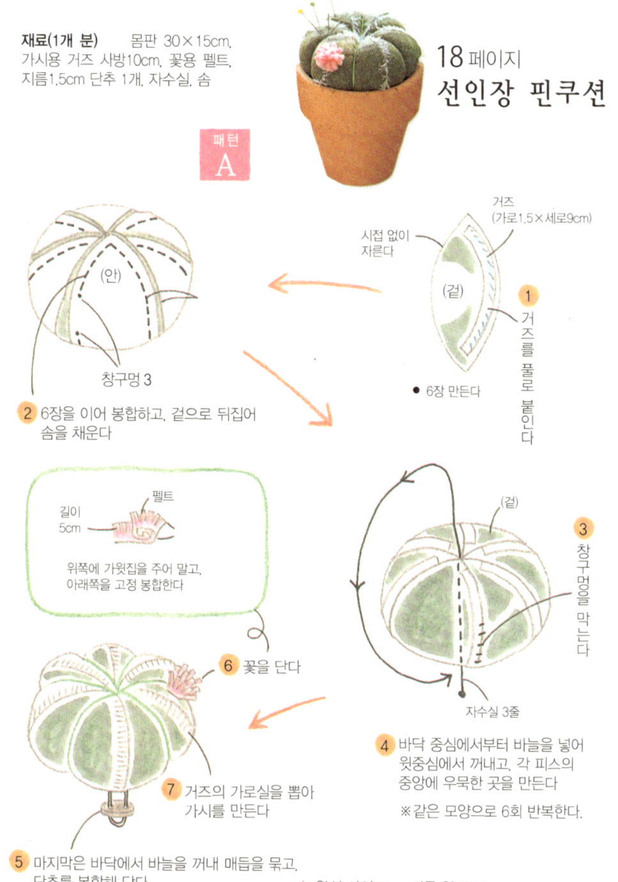

패턴 A

재료(1개 분) 몸판 30×15cm, 가시용 거즈 사방10cm, 꽃용 펠트, 지름1.5cm 단추 1개, 자수실, 솜

거즈 (가로1.5×세로9cm)

시접 없이 자른다

(겉)

① 거즈를 풀로 붙인다

● 6장 만든다

(안)

창구멍 3

② 6장을 이어 봉합하고, 겉으로 뒤집어 솜을 채운다

길이 5cm　펠트

위쪽에 가윗집을 주어 말고, 아래쪽을 고정 봉합한다

⑥ 꽃을 단다

⑦ 거즈의 가로실을 뽑아 가시를 만든다

(겉)

③ 창구멍을 막는다

자수실 3줄

④ 바닥 중심에서부터 바늘을 넣어 윗중심에서 꺼내고, 각 피스의 중앙에 우묵한 곳을 만든다

※같은 모양으로 6회 반복한다.

⑤ 마지막은 바닥에서 바늘을 꺼내 매듭을 묶고, 단추를 봉합해 단다

✱ 완성 사이즈　지름 약 7cm

선물 상자 핀쿠션

19 페이지

재료(1개 분) 위판 사방15cm, 바닥판 사방15cm, 옆판 4종 각 15×10cm, 레이스 2종, 끈, 라벨, 솜

✳ 완성 사이즈
약 가로12cm×세로9, 높이 약 5cm

1 위판에 레이스와 라벨을 단다
위판(겉)

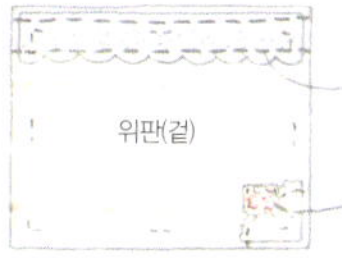

2 옆판A·B를 겉끼리 맞대고 완성선에서 완성선까지 봉합하여 원형으로 만든다
B(겉) / 옆판A(안) / 옆판B(안) / A(겉) / A

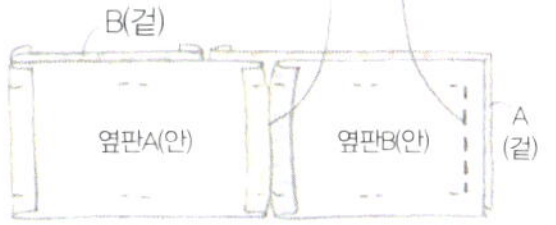

3 위판과 옆판을 겉끼리 맞대어 봉합한다
위판(안) / 옆판A(안) / 창구멍6 / 바닥(겉)

4 바닥과 옆판을 겉끼리 맞대어 창구멍을 남기고 봉합한다
위판(안) / 옆판A(안)

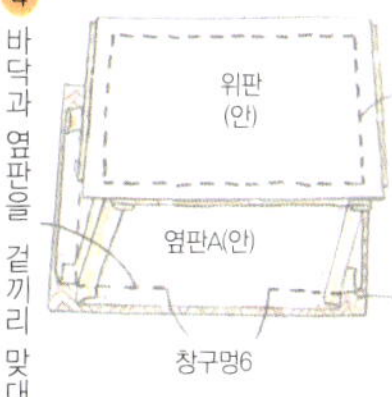

5 겉으로 뒤집고 손바느질로 상침한다(창구멍이 있는 쪽은 상침하지 않는다)

6 솜을 채우고, 상침하면서 창구멍을 막는다
솜

7 끈을 감고, 리본으로 묶는다
(겉)

제도

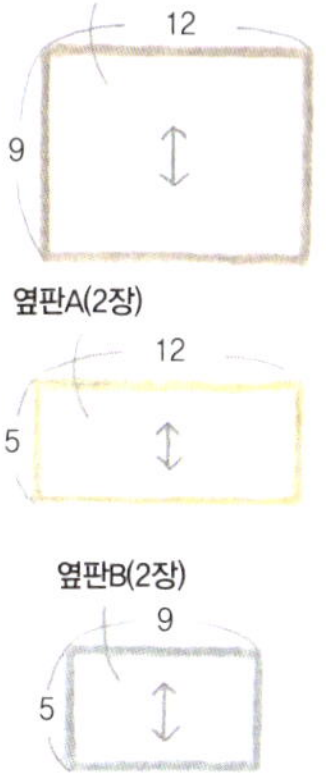

위판 · 바닥(각 1장) 12 × 9

옆판A(2장) 12 × 5

옆판B(2장) 9 × 5

★ 시접은 1cm

고슴도치 핀쿠션

19 페이지

실물크기 패턴

머리(2장)
코(2장) 펠트
블랭킷 스티치
동그랗고 큰 비즈
백 스티치
펠트
자수실 = 2가닥

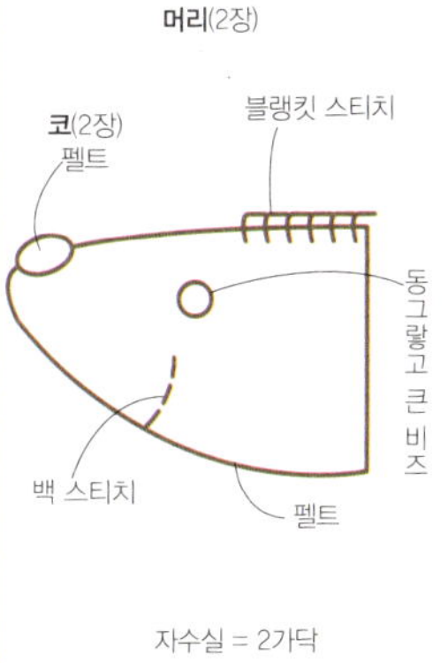

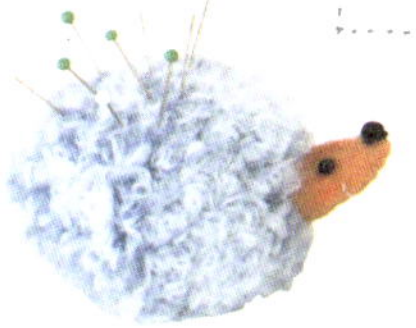

재료(대) 몸판용 루프 트위드 사방20cm, 머리용 펠트 사방10cm, 동그랗고 큰 비즈 2개, 자수실. 솜

★ 전부 시접 없이 자른다

1. 몸판을 만든다

1 홈질을 한다
0.5 / (안) / (겉) / 솜 / 14.5

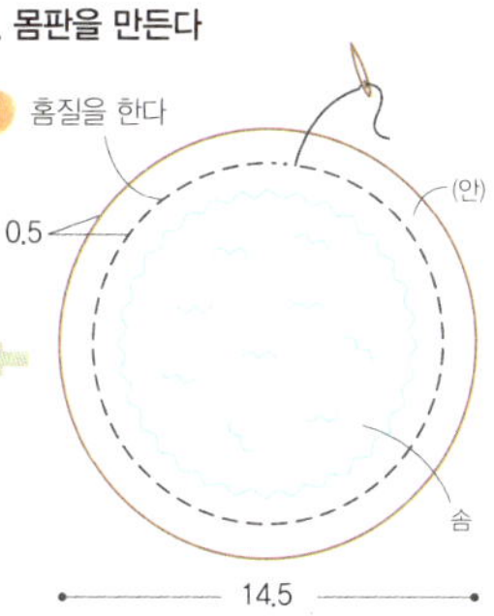

2 솜을 채우고, 실을 잡아당긴다
(겉)

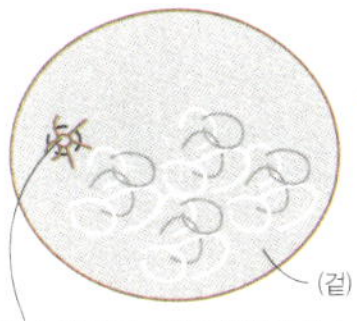

2. 머리를 만든다

1 머리 2장을 안끼리 맞대어 블랭킷 스티치로 봉합한다
(안) (겉)

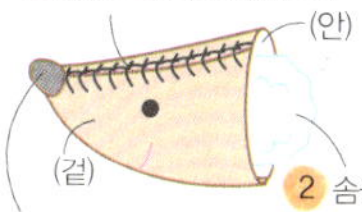

2 솜을 채운다

3 얼굴을 만든다
(코는 펠트 2장을 공그르기해 달고, 입은 자수를 놓고, 눈은 비즈를 봉합해 단다)

3. 마무리한다

1 몸판의 실을 조인 입구에 머리를 공그르기해 단다

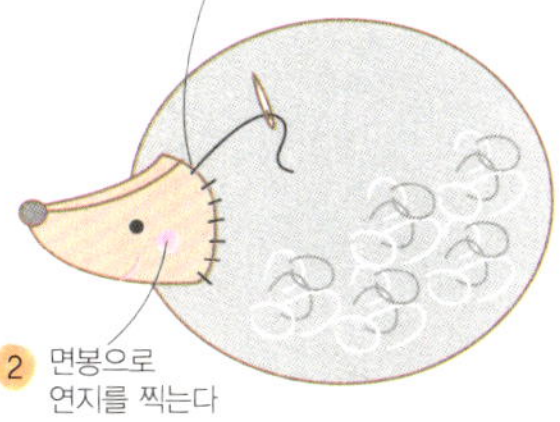

2 면봉으로 연지를 찍는다

✳ 완성 사이즈 약 가로8×세로5cm

난쟁이 신발과 꽃바구니 핀쿠션

19 페이지

패턴 A

재료(1켤레 분) 펠트 사방15cm, 자수실, 양모

★ 시접 없이 자른다

4 뒤꿈치쪽을 세우고, 몸판과 맞춰 말아 감치기로 봉합한다
윗부분(안) / 몸판(겉)

2 발 끝쪽을 홈질하고, 실을 잡아당긴다
발 끝쪽 / 바닥(겉) 0.1 / 뒤꿈치쪽 / 몸판(겉)

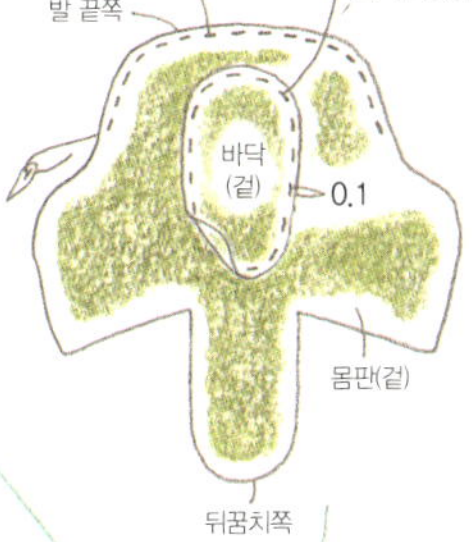

1 바닥을 몸판에 겹치고, 봉합해 단다

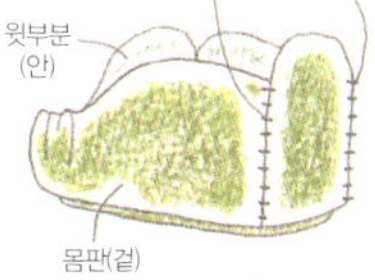

6 양모를 넣는다

3 안끼리 맞대어 몸판 발 끝쪽과 윗부분을 2와 같은 곳을 봉합한다
0.2 / 윗부분(겉) / 몸판(겉) / 바닥(안)
봉합의 시작과 끝은 한 땀 옆으로 찌른다

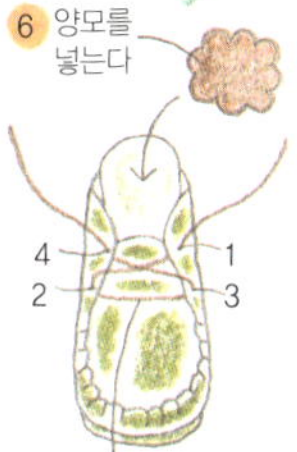

5 자수실(20cm, 1줄)을 1~4의 순서대로 통과시키고, 모양을 정리하여 매듭을 묶고 자른다
4 1 2 3

● 같은 방법으로 한개 더 만든다

✳ 완성 사이즈 약 총 길이3.5×높이2cm

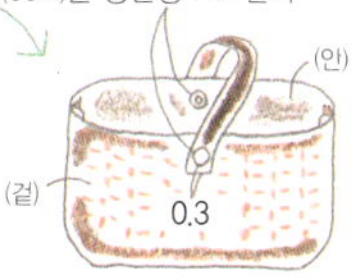

2. 위천을 만든다

1 자수를 놓는다
0.5 / 위천(겉)

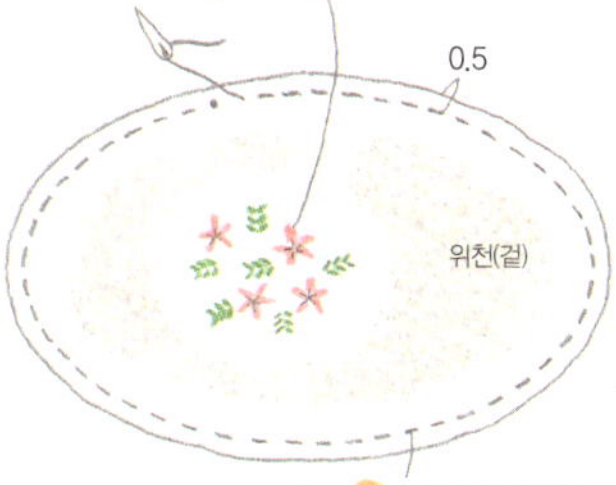

2 둘레를 홈질한다
약 4 / 위천(겉)

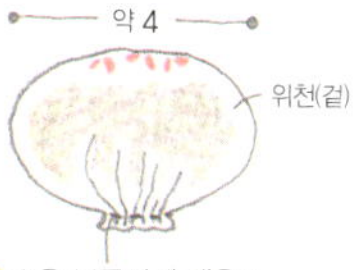

3 솜을 볼록하게 채우고, 실을 잡아당긴다

패턴 A

재료 위천 20×15cm, 펠트 사방10cm, 0.6cm폭 가죽테이프 10cm, 지름0.5cm 양면징 2쌍, 자수실, 솜

★ 시접 없이 자른다

1. 몸판을 만든다

1 자수를 놓는다
입구쪽 / 펠트 / 몸판(겉) / 입구쪽

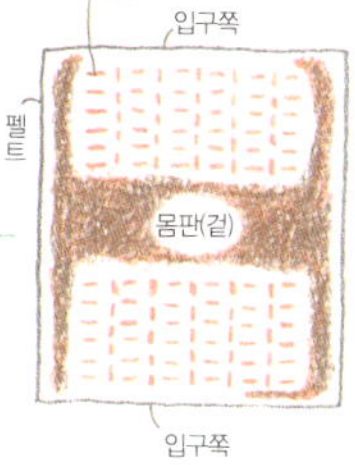

2 겉끼리 맞닿게 반으로 접고 양옆을 봉합한다 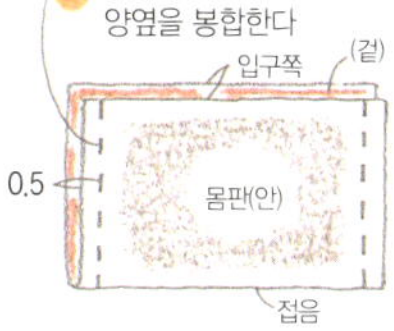
입구쪽 / (겉) / 0.5 / 몸판(안) / 접음

3 옆과 바닥을 함께 접어 봉합한다 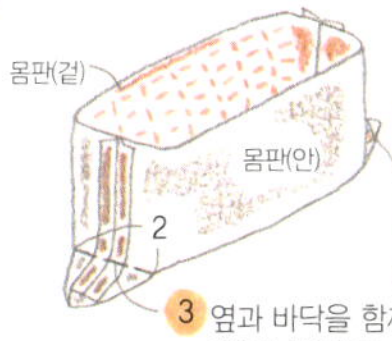
몸판(겉) / 몸판(안) / 2

4 겉으로 뒤집고, 가죽테이프(8cm)를 양면징으로 단다
(안) / (겉) / 0.3

3. 마무리한다

위천(겉) / 몸판(겉)
몸판의 안쪽에 본드를 바르고 위천을 넣는다

✳ 완성 사이즈 약 가로4×세로4.5cm, 폭 약 2cm

더운 여름, 헤어 정리가 시원하게 해결되는!

헤어 액세서리편

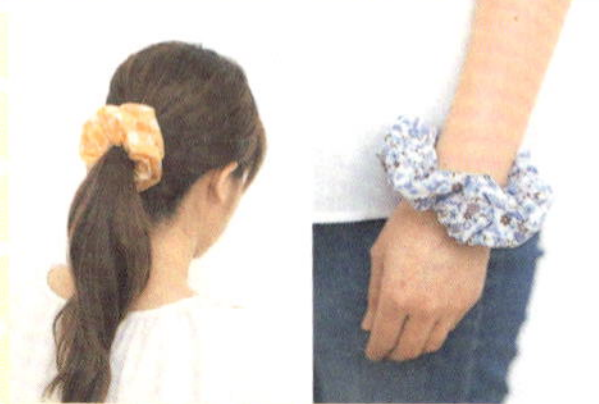

원단 액세서리

세련된 액세서리는 많이 있으면 있을수록 고르는 즐거움이 늘어납니다. 간단하게 만들어 바로 사용할 수 있는 귀여운 액세서리를 소개합니다!

두께와 질감이 비슷한 코튼 린넨을 초이스. 촉감이 좋고, 색감도 여름과 잘 어울립니다.
(작품 제작 : 효고 현/요시다 가오리)

2장의 레이스를 겹쳐 끝을 2줄 봉합하고, 고무줄을 통과시킨 간단한 슈슈. 폼폼 방울이 귀엽습니다.
(작품 제작 : 아이치 현/센다 유카리)

시폰 원단의 부드러움을 살리고, 둘레의 프릴이 이중으로 된 디자인으로 변형했습니다.
(작품 제작 : 히로시마 현/후지모토 토코모)

테이프와 리본을 먼저 몸판 원단에 봉합해 답니다. 바깥 둘레에 상침을 해서 볼륨감을 눌러줍니다.
(작품 제작 : 도쿄 부/오비 노리코)

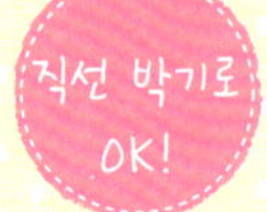

여름 슈슈

풍성한 모양으로 헤어스타일을 화려해 보이게 하는 인기 있는 슈슈. 짧은 시간에 완성할 수 있기 때문에, 많이 만들어 옷이나 가방과의 코디네이션을 즐겨보세요!

블랙×화이트가 청순한 느낌. 레이스는 양면으로 보이도록 처음에 원단의 중앙에 봉합해 달고 나서 완성합니다.
(작품 제작 : 도쿄 부/오비 노리코)

크고 작은 2종류의 도트무늬가 번갈아 나타나는 원단을 사용. 원단이 둥글게 됐을 때에 본래의 무늬와 보이는 방법이 바뀌는 것도 슈슈의 즐거움.
(작품 제작 : 도쿄 부/오비 노리코)

여름에 어울리는 산뜻한 옐로우 슈슈는 비비드한 T셔츠나 하얀 블라우스에 잘 어울릴 것 같습니다.
(작품 제작 : 이바라키 현/사쿠라이 카나코)

시폰 슈슈 만드는 방법

재료(1개 분) 몸판용 시폰 원단 60×20cm, 지름0.5cm 봉봉 블레이드 1.2m, 0.5cm폭 고무줄 15cm

★ 시접은 1cm

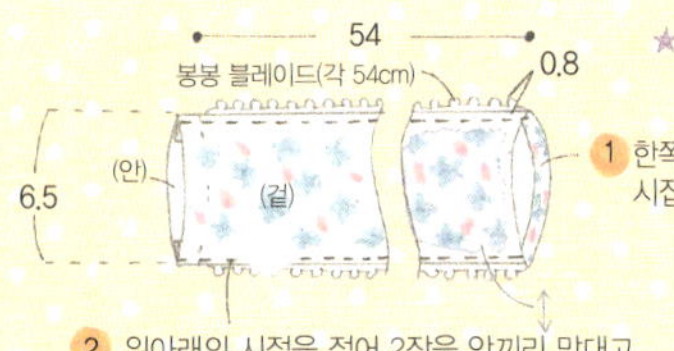

① 한쪽 끝의 시접을 접는다

② 위아래의 시접을 접어 2장을 안끼리 맞대고, 봉봉 블레이드를 끼워 봉합한다

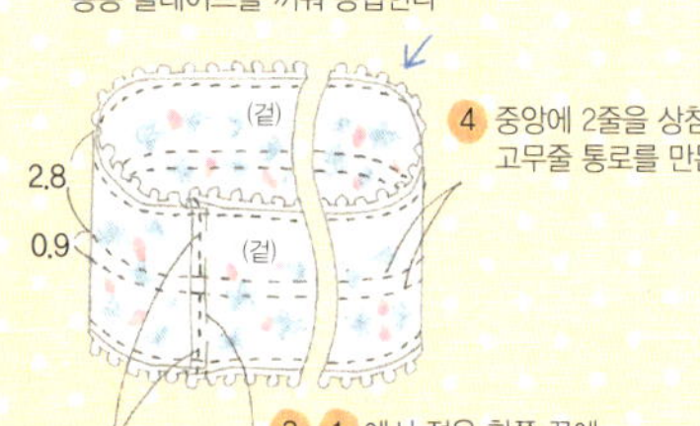

④ 중앙에 2줄을 상침하여 고무줄 통로를 만든다

③ ①에서 접은 한쪽 끝에 다른 한쪽의 끝을 밀어 넣고, 원형으로 만든다

⑤ 고무줄 통로를 남기고 위아래를 봉합한다

⑥ 고무줄을 통과시켜 원형으로 만든다

★ 완성 사이즈 지름 약 13cm

기본 슈슈를 마스터해보자!

재료 원단 약 가로62×세로12cm(시접 포함)
헤어 고무줄 27cm(완성 지름 약 10cm)

※ 이해하기 쉽도록 실의 색을 바꿔서 설명하였습니다. 실제로 봉제할 때에는 원단의 색에 맞춰 실을 선택해주세요.

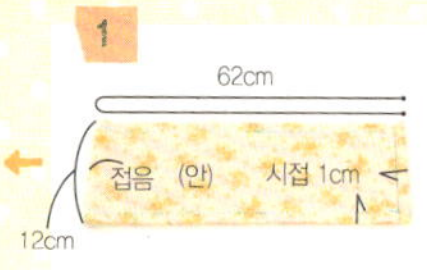

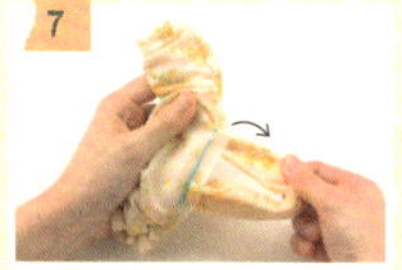

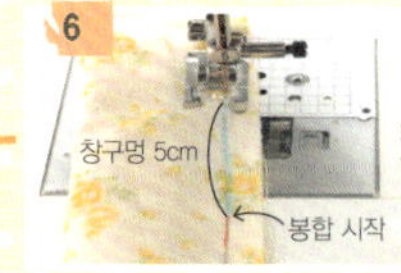

4 3에서 접은 끝을 봉합한다. 봉합의 시작은 되돌아박기를 한다. 2에서 접은 원단을 함께 봉합하지 않도록 주의한다.

3 2에서 접은 부분을 겉끼리 맞대어 반으로 접고, 시침핀으로 고정한다.

2 1의 바늘땀이 가로가 되도록 방향을 바꾸고, 위쪽의 원단을 화살표처럼 중심을 향해 접는다.

1 원단을 겉끼리 맞대어 반으로 접고, 원형이 되도록 끝을 봉합한다. 시접은 다리미로 가름솔 해둔다.

8 창구멍으로 헤어 고무줄을 통과시켜 묶는다. 창구멍은 재봉틀로 겉에서 봉합해 막으면 완성 원단과 같은 색의 실을 사용하면 실이 눈에 띄지 않는다.

7 창구멍에 손가락을 넣어 안쪽의 원단을 끄집어 내고, 겉으로 뒤집는다.

6 한 바퀴 봉합하면 봉합의 끝은 창구멍 5cm를 남기고 되돌아박기한다.

5 4의 되돌아박기가 끝나면 노루발을 내린 채로 2에서 접은 원단을 끄집어내고, 봉합 위치를 피해 봉합한다. 이것을 반복한다.

재료(왼쪽 끝 원단 꽃)
원단 3종류 각 10~20×10cm, 덧대는 천 2.5×3cm, 양면 접착심 2.5×3cm, 지름6cm 링고무줄, 세탁풀(스프레이 타입)

3 3개를 합쳐 밑부분을 고정 봉합하고, 링고무줄을 봉합해 단다

뒤 / (겉) / 링고무줄

4 덧대는 천의 안쪽에 양면 접착심을 붙이고, 밑부분이 가려지도록 붙인다

✱ 완성 사이즈 　 장식 지름 약 9cm

★ 전부 시접 없이 자른다

접음 / 0.3 / 5 / 1.5 / (겉) / 10~20

1 안끼리 맞대어 반으로 접고, 가윗집을 준다

2 돌돌 감아 밑부분을 고정 봉합한다

● 3개 만든다

5 장식 모양을 정리하고, 장식에만 세탁풀을 분무한다

싸개단추와 꽃 헤어 고무줄

바늘과 실이 없어도 전용도구가 있으면 간단하게 만들 수 있는 싸개단추. 먼저 레이스와 비즈를 바탕천에 봉합해 달고 나서 싸개단추를 만듭니다. 하얀 천 꽃은 레이스와 비즈를 사용하여 앤티크풍으로, 왼쪽 끝의 원단 꽃은 3종류의 원단으로 볼륨업 시켰습니다.

(작품 제작 : 효고 현/요시다 가오리)

바탕의 레이스는 핀을 덮는 사이즈로, 핀의 구멍을 이용하여 고정 봉합 했습니다.

나비 헤어핀

나비의 부드러움을 더블거즈로 표현했습니다. 러블리한 레이스와 장미 등의 모티브도 그대로 잘라 러프하게 연출했기 때문에 캐주얼한 인상을 줍니다. 더듬이로 보이게 한 얇은 리본이 포인트!

(작품 제작 : 아이치 현/케이 히토미)

만드는 방법

패턴 A

몸판 2장을 안끼리 맞닿게 겹치고, 좌우에 레이스를 끼운다. 솜을 채우면서 둘레를 봉합하고, 적당한 위치에 리본이나 장미를 단다. 바탕이 되는 레이스에 봉합해 달고, 핀에 고정 봉합한다.

심플한 헤어밴드

고정 봉합한 레이스 부분은 옆으로 오게 만들었습니다. 고급스러운 인상으로 어떤 옷에든 잘 어울립니다.

2장의 원단을 맞춰 봉합하기만 하면 되는 심플한 디자인. 안쪽에 접착심을 붙이면 원단에 당기는 힘이 생겨 모양이 변형되는 것을 방지합니다. 도트무늬를 살린 레이스 사용이 멋스럽습니다!

(작품 제작 : 야마구치 현/이시마루 마유미)

패턴 A

만드는 방법

원단을 2장 재단한다. 1장에 레이스와 블레이드테이프를 달고, 안쪽에 접착심을 붙여 양끝에 고무줄(0.7cm폭×2 3cm)을 임시고정한다. 2장을 겉끼리 맞대어 봉합하고, 창구멍에서 겉으로 뒤집어 둘레를 상침한다. 단추나 비즈를 더해 장식한다.

요요 퀼트 헤어핀

동그란 자투리를 봉합하면 완성할 수 있는 요요를 이용해 작은 꽃을 만들었습니다. 꽃술에는 단추나 가죽을. 둘레에는 비즈나 린넨실을 더해 세상에서 하나뿐인 꽃으로!

(작품 제작 : 효고 현/요시다 가오리)

요요 퀼트 만드는 방법은 58페이지 를 확인해주세요.

여름의 내추럴 코르사주

털실 폼폼을 만드는 방법을 이용해 가늘고 긴 자투리 천으로 코르사주를 만들었습니다. 자르기만 해도 내추럴함이 연출되어 작품의 멋을 풍깁니다. 자투리 천을 두꺼운 종이에 감는 과정에서 천을 꼬거나 풀면 한층 더 내추럴해집니다!

(작품 제작 : 나라 현/차탄 아츠코)

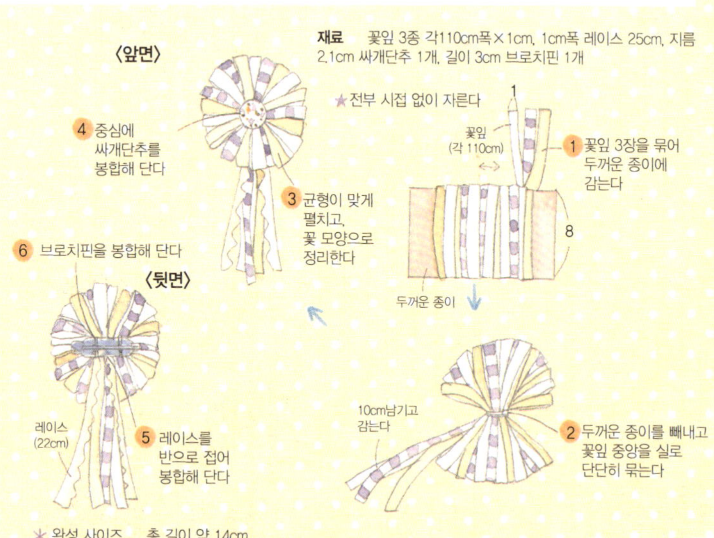

재료   하트모양 모티브 레이스 6장, 지름0.6cm 펄 비즈 6개, 둥글고 작은 비즈 14개, 귀걸이 금속도구 1쌍, 0.3×0.4cm C링 2개, 낚싯줄

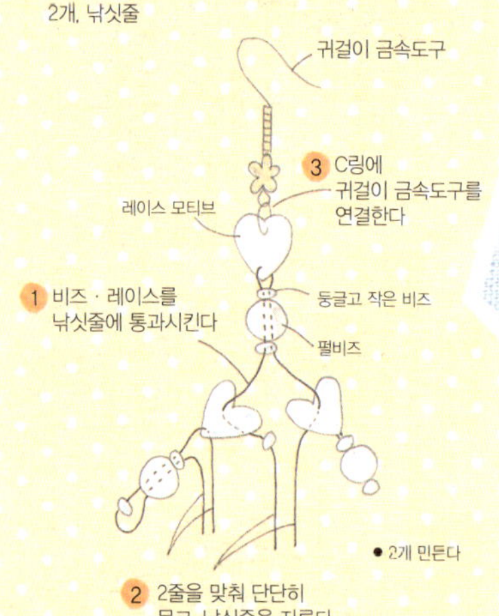

이니셜테이프 팔찌

좋아하는 린넨이나 코튼의 옷에 맞춰 만든 내추럴한 팔찌. 원단 끝을 프린지로 만든 바탕천에 테이프를 겹쳐 봉합했습니다. 봉합하는 부분이 적기 때문에 금방 완성할 수 있습니다.

(작품 제작 : 효고 현/미리소와 미요코)

모티브 레이스 귀걸이

앤티크 골드와 화이트로 완성한 여름에 어울리는 어른스러운 귀걸이. 레이스와 비즈는 바늘과 실을 사용하지 않고 낚싯줄로 연결했습니다. 팔랑 팔랑 귓가에서 흔들리는 모습이 멋스럽습니다!

(작품 제작 : 야마구치 현/이시마루 마유미)

입체 코르사주

한장 한장 꽃잎을 겹친 볼륨감이 있는 코르사주. 꽃잎의 빳빳함을 나타내기 위해 물과 희석한 본드에 담갔습니다. 꽃잎을 재단하거나 봉합하는 작업은 모아서 한번에 하면 효율 업!
(작품 제작 : 군마 현/아라오카 에미코)

재료 꽃잎a 30×20cm, 꽃잎 b·c 각 25×10cm, 펠트, 지름 1.2cm 싸개 단추 2개, 길이 3cm 브로치핀 1개

패턴 A

2. 마무리한다

〈앞쪽〉

1 꽃잎을 겹쳐 중심을 고정 봉합하고, 싸개단추를 봉합해 단다

〈뒤쪽〉

바탕천 (펠트·시접 없이 자른다)

1 바탕천에 브로치핀을 고정 봉합하고,

2 의 안쪽에 본드를 칠한다.

★ 완성 사이즈 지름 약7cm

★ 시접은 지정 이외 0.5cm

1. 꽃잎을 만든다

4 상침한다

2 시접에 가윗집을 준다

1 2장을 겉으로 맞대어 창구멍을 남기고 봉합한다

3 겉으로 뒤집어 시접을 안으로 접어 넣고, 창구멍을 공그르기한다

5 본드액에 꽃잎을 담그고, 액이 스며들면 꺼내어 말린다

6 턱을 접고, 임시고정한다

본드:미지근한 물=3:7의 비율로 본드액을 만든다

● a=4장
b=2장
c=2장 만든다

펠트 미니 코르사주

홈질하여 주름을 잡은 2장의 펠트를 겹쳐 말았습니다. 원단 끝은 자르기만 하면 되기 때문에 작업이 편리합니다. 여러 개 만들어 꽃다발을 만드는 것도 멋스럽습니다.
(작품 제작 : 교토 부/스치마가 아야)

재료(1개 분) 꽃잎용 펠트 2종 각 20×5cm, 꽃받침 사방5cm, 줄기용 사방15cm, 꽃수술 7개, 브로치핀 1개

패턴 A

1. 꽃수술을 만든다

1 실로 묶는다

2 본드를 묻혀 감는다

2. 꽃을 만들고, 마무리한다

실 2가닥

1 큰 바늘땀으로 홈질한다

꽃잎(겉) 펠트 0.5

2 실을 당겨 줄인다

● 2장 만든다

3 꽃잎 2장을 겹치고, 돌돌 말아 고정 봉합한다

꽃 받침
핑킹가위로 자른다

5 꽃받침을 아래에서 끼워 넣고, 본드로 붙인다

4 중심에 꽃수술을 끼워넣는다

6 브로치핀을 단다

★ 완성 사이즈 약 지름5× 길이8cm

피드색 코르사주

재료 바탕 60×10cm, 자투리 천, 덧대는 천 사방 5cm, 레이스 3종, 리본, 브로치핀 1개

바탕인 린넨에 겹치는 자투리 천은 각각 5cm정도 있으면 됩니다. 둘레를 지그재그로 홈질하여 겹치면 멋스러운 꽃잎으로 변신합니다. 개성있는 무늬의 자투리 천도 바탕의 린넨 덕분에 산뜻하게 마무리됩니다.

가슴에 장식으로 사용할 뿐만 아니라 모자나 가방, 선물에 리본 대용으로 사용해도 멋스럽습니다!
(작품 제작 : 아이치 현/아카시 아사코)

★ 전부 시접 없이 자른다

1 밸런스를 보면서 자투리를 겹치고, 홈질을 한다

원단 끝의 실을 뽑아 프린지 상태로 만든다

2 실을 뽑고, 끝에서부터 감아 모양을 정리한 후, 아래쪽을 고정 봉합한다

3 레이스를 5～20cm로 자른 리본과

4 덧대는 천을 원형으로 자르고, 봉합해 단다

레이스를 5～20cm로 봉합해 단다

5 브로치핀을 단다

★ 완성 사이즈 전체길이 약 25cm

캔디 헤어 고무줄

원통으로 봉합하여 솜을 채우고, 양 옆을 묶기만 하면 완성되는 캔디. 팝한 원단과 화려한 라인스톤은 반짝반짝한 것을 좋아하는 여자 아이들에게 인기가 많습니다!

(작품 제작 : 아이치 현/케이 히토미)

직선 박기로 OK!

재료(1개 분) 겉감 3종, 0.7cm폭 레이스 25cm, 둥글고 작은 비즈, 지름 0.7cm 스팽글, 장식용 레이스, 라인스톤 2종, 링모양 헤어 고무줄 1개, 솜

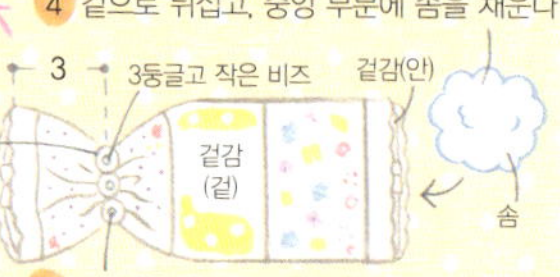

꽃 헤어 고무줄

재봉틀 불필요

아이가 그림으로 그린 듯한 동그란 꽃이 달린 헤어 고무줄. 시중에 판매되고 있는 폼폼을 사용하면 폭신폭신한 꽃잎 만들기도 간단합니다! 꽃술은 체크무늬나 도트무늬 등의 깔끔한 무늬가 어울립니다.

(작품 제작 : 히로시마 현/후지모토 토모코)

만드는 방법

지름 6cm의 원단을 준비하고, 끝에서 0.5cm안쪽을 홈질한다. 헤어 고무줄 2개의 양 끝을 묶은 후 매듭과 솜을 원단 안에 넣어 실을 조이고, 봉합하여 막는다. 둘레에 폼폼을 고정 봉합한다

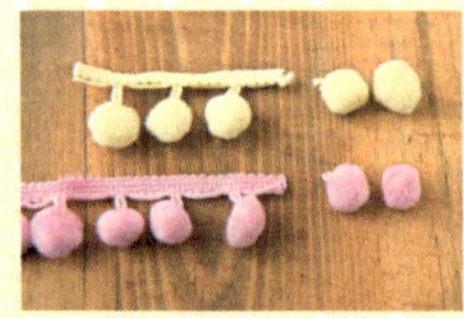
[폼폼으로 뭔가 힐 수 없을까?]라고 고민하다 문득 생각난 작품. 폼폼은 1개씩 잘라서 사용합시다.

티롤테이프 브로치

재봉틀 불필요

티롤테이프의 소박한 귀여움을 만끽할 수 있는 브로치. 반으로 접은 테이프를 펠트와 함께 중앙에서 고정 봉합만 하면 되기 때문에 만들기가 간단합니다. 가는 테이프를 2종류 사용해서 꽃잎을 만들어도 귀엽습니다.

(작품 제작 : 에히메 현/쿠리타 이즈미)

가방에 달아도 귀엽습니다

뒤에는 브로치핀을 달아줍니다. 펠트를 봉합할 때는 눈에 띄는 색의 실을 사용하면 포인트가 됩니다.

만드는 방법

(왼쪽) 폭3×길이19cm의 티롤테이프 3개를 각각 반으로 접어 봉합하고, 꽃잎 모양이 되도록 겹친다. 지름3.5cm의 펠트 2장 사이에 끼워 고정봉합하고, 뒤에 단추를 단다.
완성 사이즈 : 지름 약 9cm

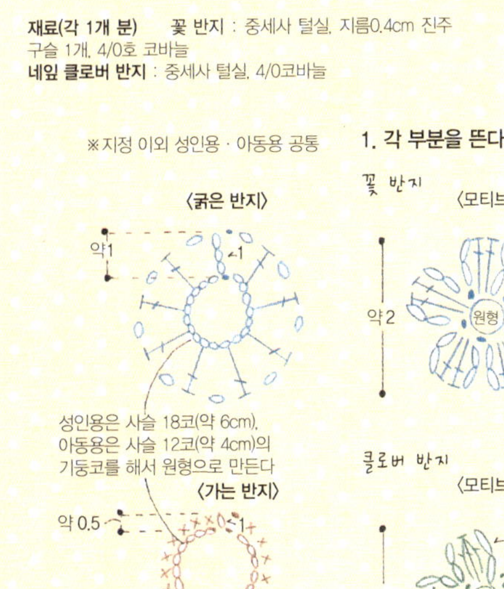

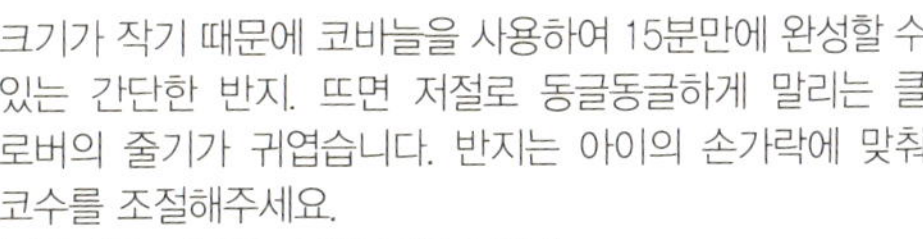

클로버와 꽃 반지

크기가 작기 때문에 코바늘을 사용하여 15분만에 완성할 수 있는 간단한 반지. 뜨면 저절로 동글동글하게 말리는 클로버의 줄기가 귀엽습니다. 반지는 아이의 손가락에 맞춰 코수를 조절해주세요.
(작품 제작 : 후쿠오카 현/나카무라 카나)

곰 헤어 고무줄

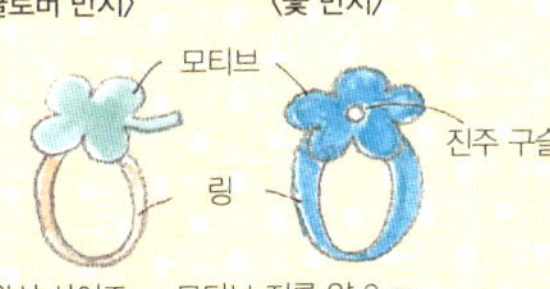

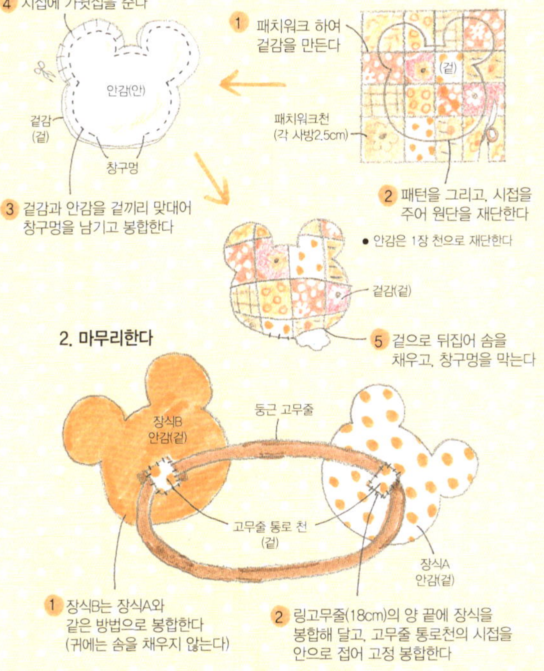

덤블링과 패치워크의 귀여움을 1개의 링 고무줄에 담았습니다. 너무 유치하지 않도록 눈과 코는 달지 않았고, 덤블링은 솜을 조금만 채워 소재의 부드러움을 살렸습니다.
(작품 제작 : 치바 현/사키카바라 사치코)

PART 2

집안의 분위기를 살려주는 소품

매일의 생활 속에서 문득 떠오른 아이디어를 바로 소품으로!
집안의 분위기를 살려주고, 사용할 때마다 즐거워지는 소품을 만들어 봅시다!

귀찮아지기 쉬운 청소와 세탁도

귀여운 원단 소품이 있으면 즐거운 시간으로 변신!

옆선이나 와이어 통로 입구는 자르기만 하면 OK 코르사주 는 꽃잎과 레이스, 단추를 본드 로 붙여 만들었습니다.

세탁 집게 주머니

물에 강한 라미네이트 가공 원단은 세탁 용품 만들기에 최적. 원단 끝 처리가 필요 없기 때문 에 작업이 간단한 것도 매력입니다. 주머니 입 구에 와이어를 통과시키면 입구가 입체적으로 되어 집게를 꺼내기 편합니다!

(작품 제작 : 교토 부/스즈키 에미코)

컬러풀 먼지떨이

먼지떨이인데 레이스가 달렸어?! 벽에 장 식해 두어도 멋스러운 핸드메이드 감각 의 청소 아이템입니다. 자르기만 해서 만 들어도 되지만, 원단 끝의 올풀림이 신경 쓰이는 경우에는 원단 끝을 지그재그봉 제한 뒤 만듭니다.

(작품 제작 : 홋카이도/나가지마 세이코)

폭7×길이30cm정도의 자투리 천을 10~12장 준비하고, 원 예용 나무막대기에 린넨실로 감아 고정한다. 자투리 천 주변 에 올풀림 방지용으로 지그재그봉제 또는 오버록 처리를 해 도 좋다.

장갑 걸레

즐겁게 걸레질을 할 수 있는 장갑 모양의 걸레입니다. 손 모양으로 되어 있기 때문에 유연하게 움직일 수 있어서 편리합니다. 뒷면은 타월이기 때문에 더러워지면 깨끗하게 빨 수 있습니다.

(작품 제작 : 사이타마 현/아타에사와 메구미)

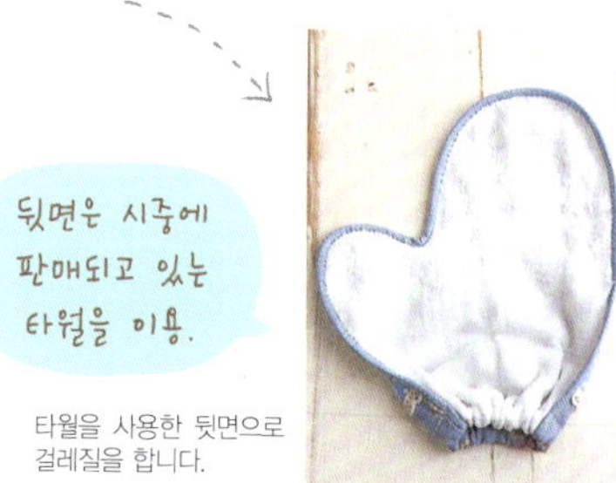

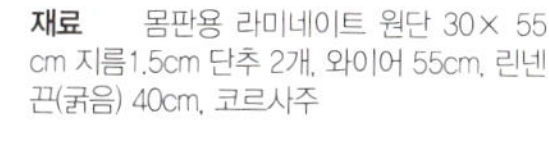

타월을 사용한 뒷면으로 걸레질을 합니다.

재료 몸판용 라미네이트 원단 30×55cm 지름1.5cm 단추 2개, 와이어 55cm, 린넨 끈(굵음) 40cm, 코르사주

★ 지정 이외 시접 없이 자른다

② 바이어스천을 겹쳐 ① 과 같은 위치를 봉합한다

2. 마무리한다

0.5
앞판(겉)
0.5cm 접음
2.2cm폭 바이어스천(안)
뒤판(안)

① 앞판과 뒤판을 안끼리 맞대고 바깥둘레를 봉합한다

⑤ 테이프와 단추를 단다

⑥ 고무줄(22cm)을 통과시켜 끝을 1cm 겹치고 봉합한 후, 통로 입구를 봉합한다

● 좌우 대칭으로 하나를 더 만든다

❅ 완성 사이즈 길이 약 23cm

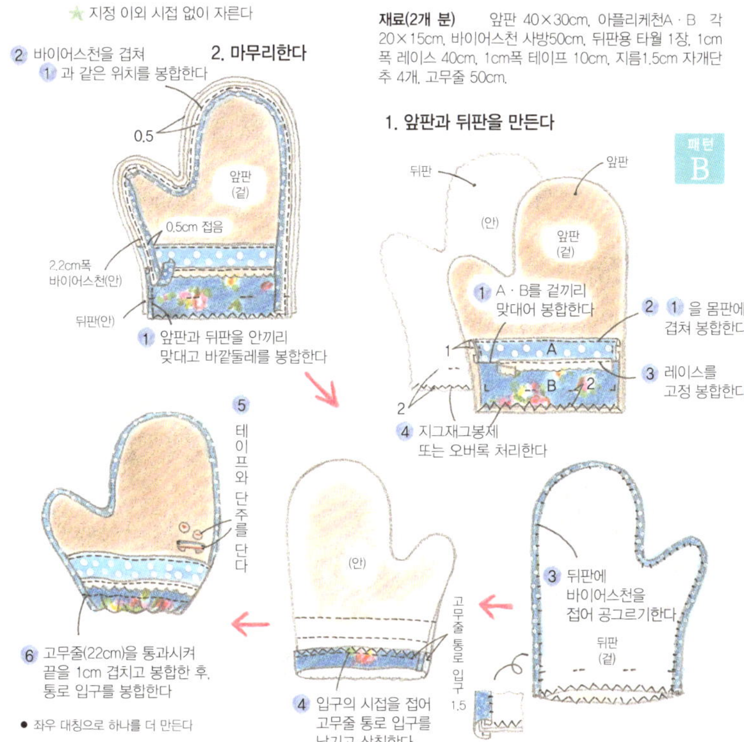

재료(2개 분) 앞판 40×30cm, 아플리케천A·B 각 20×15cm, 바이어스천 사방50cm, 뒤판용 타월 1장, 1cm 폭 레이스 40cm, 1cm폭 테이프 10cm, 지름1.5cm 자개단추 4개, 고무줄 50cm.

1. 앞판과 뒤판을 만든다

패턴 B

뒤판 · (안) · 앞판 · 앞판(겉)

① A·B를 겉끼리 맞대어 봉합한다
② ①을 몸판에 겹쳐 봉합한다
③ 레이스를 고정 봉합한다
④ 지그재그봉제 또는 오버록 처리한다

③ 뒤판에 바이어스천을 접어 공그르기한다 뒤판(겉)
④ 입구의 시접을 접어 고무줄 통로 입구를 남기고 상침한다 (고무줄 통로 입구 1.5)

---

③ 입구쪽의 시접을 접어 봉합한다

★ 시접은 지정 이외 1cm

② 옆선의 시접끝을 가름솔한다

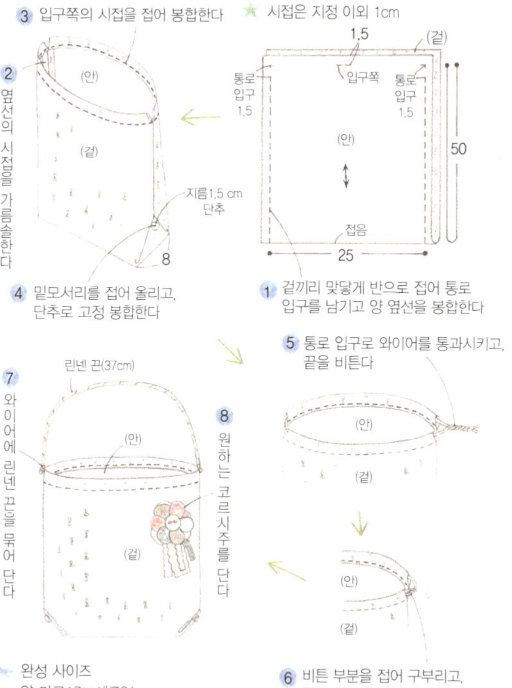

1.5 · (겉) · 입구쪽 · 통로 입구 1.5 · (안) · 지름1.5 cm 단추 · 50 · 접음 · 25 · 8

④ 밑모서리를 접어 올리고, 단추로 고정 봉합한다

① 겉끼리 맞닿게 반으로 접어 통로 입구를 남기고 양 옆선을 봉합한다

⑤ 통로 입구로 와이어를 통과시키고, 끝을 비튼다

⑦ 와이어에 린넨 끈을 묶어 단다 린넨 끈(37cm)

⑧ 원하는 코르시주를 단다

⑥ 비튼 부분을 접어 구부리고, 통로 입구에 집어넣는다

❅ 완성 사이즈 약 가로17×세로21cm, 밑모서리 폭 약 8cm

"

가족이 모이는 거실이나

어수선해지기 쉬운 옷장도

직접 만든 원단 소품으로 정리 정돈!

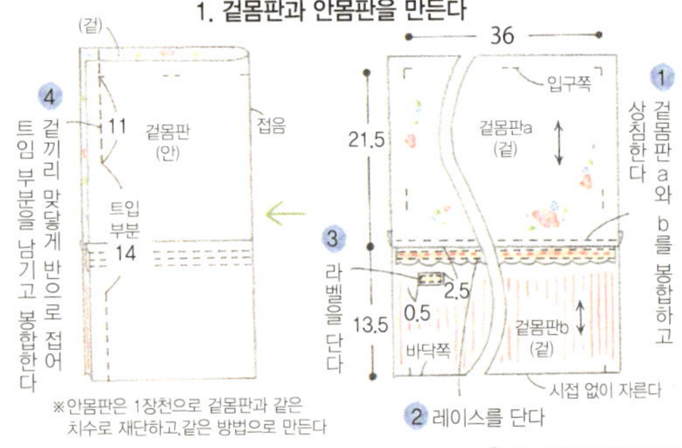

1. 겉몸판과 안몸판을 만든다

※안몸판은 1장천으로 겉몸판과 같은 치수로 재단하고,같은 방법으로 만든다

2. 마무리한다

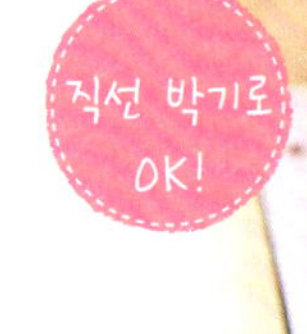

재료 겉감a 40×25cm, 겉감b 40×20cm, 안감 사방40cm, 2cm폭 레이스 40cm, 2cm폭 린넨테이프 55cm, 지름0.2cm 둥근 끈 1m, 라벨

★ 완성 사이즈
약 세로32×가로12cm, 밑모서리 폭 약 6cm

티슈박스 커버

벽에 거는 타입의 티슈박스 커버라면 아이들이 티슈박스를 밟아 부술 걱정도 없습니다! 몸판은 직사각형이기 때문에 직접 재단도 OK. 끈 통로 입구나 시접은 린넨테이프로 감싸면 빠르고 예쁘게 완성됩니다.
(작품 제작 : 오사카 부/하야사키 아사코)

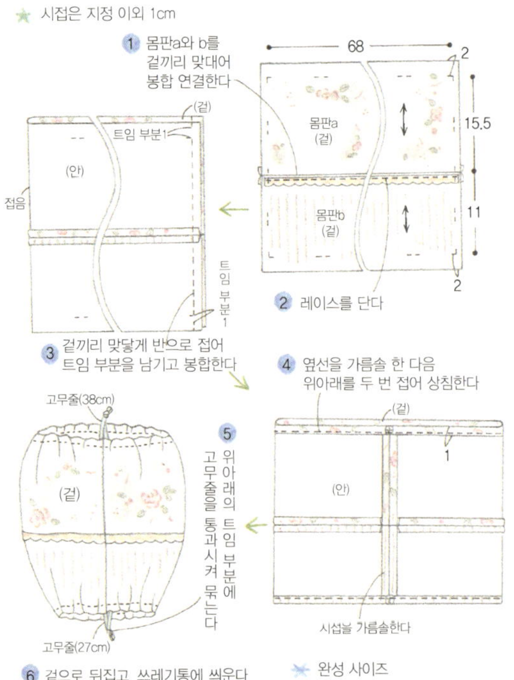

직선 박기로 OK!

재료 몸판a 75×25cm, 몸판b 75×20cm, 1.5cm폭 레이스 75cm, 0.3cm폭 고무줄 65cm, 바닥 지름15×높이 약 22cm×입구 지름 약 22cm의 쓰레기통

쓰레기통 커버

플라스틱 쓰레기통의 단조로운 외형을 원단으로 커버했습니다. 위아래에 고무줄을 통과시키기만 하면 되는 디자인이기 때문에 쓱 벗겨서 빨면 언제나 청결합니다. 원단에 직접 재단할 수 있기 때문에 부담 없이 만들 수 있습니다!
(작품 제작 : 오사카 부/하야사키 아사코)

직선 박기로 OK!

★ 시접은 지정 이외 1cm

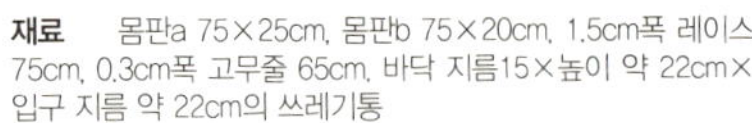

★ 완성 사이즈
약 바닥 지름15×길이22cm

벽에 거는 타입이라 편리합니다.

옷장용 홀더

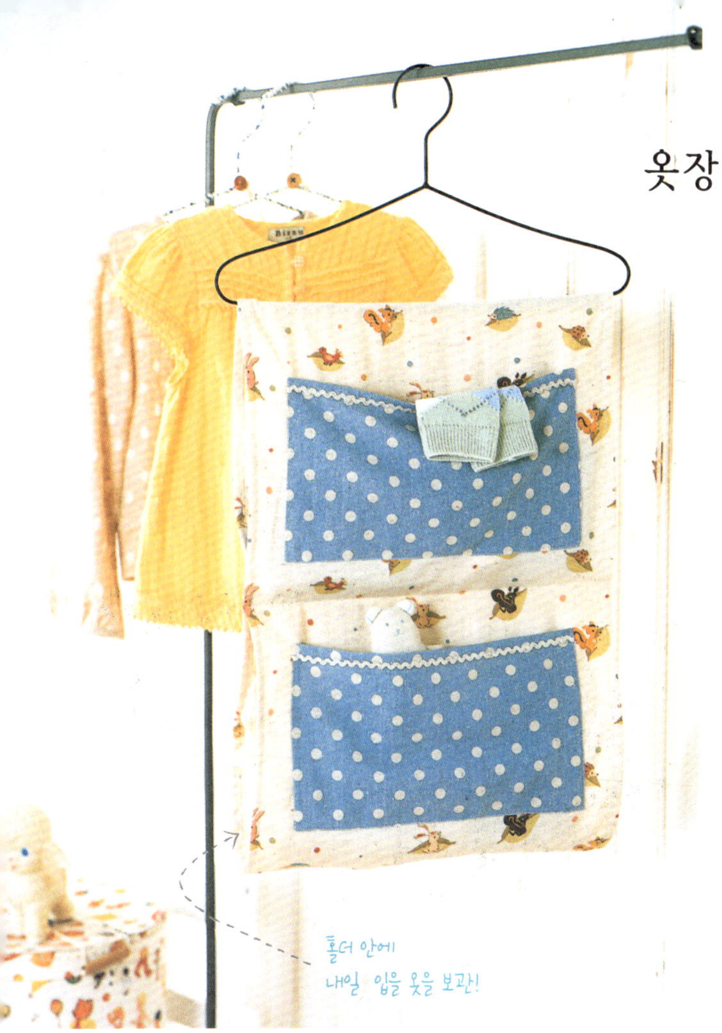

옷걸이에 걸어두는 타입의 홀더입니다. 옷걸이의 가로 폭에 맞춰 재단한 원단에 주머니를 달아 원통형으로 봉합하고 상침하면 완성됩니다. 주머니의 깊이와 갯수는 사용하기 편하게 바꿔도 좋습니다.
(작품 제작 : 사이타마 현/고바야시 가오리)

★시접은 지정 이외 1cm

재료 몸판 85×60cm, 주머니 35×45cm, 0.8cm폭 블레이드 테이프 65cm, 40cm폭 옷걸이 1개

1 주머니 입구를 두 번 접어 봉합한다

2 블레이드 테이프를 단다

• 2장 만든다

3 주머니의 시접을 접고, 앞판에 봉합해 단다

4 위아래의 시접을 지그재그봉제 또는 오버록 처리를 한다

※뒤판도 앞판과 같은 치수로 재단하고, 위아래에 지그재그봉제 또는 오버록 처리를 한다

5 앞판과 뒤판을 겉끼리 맞대고, 옷걸이를 통과시켜 위아래를 봉합한다

6 양옆을 두 번 접어 봉합한다

7 겉으로 뒤집고, 위쪽과 중앙을 상침한다

★ 완성 사이즈(옷걸이 포함) 약 가로36×세로76 cm

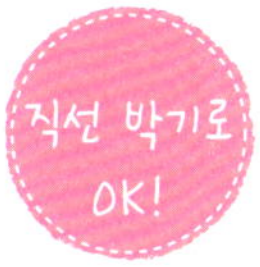

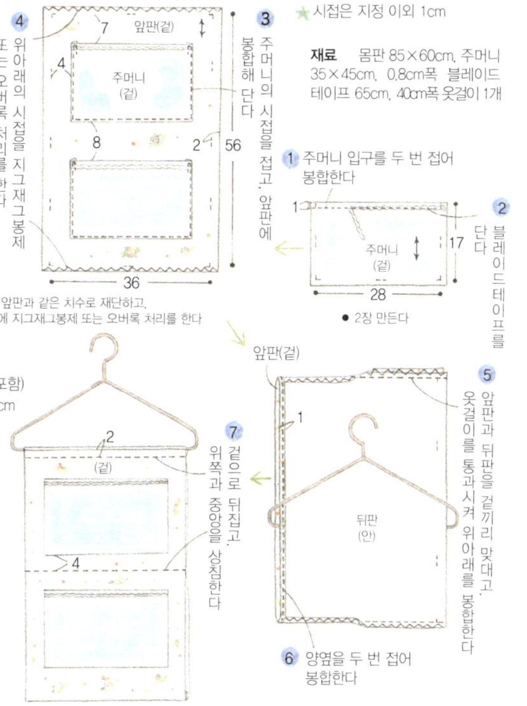

폭신한 옷걸이

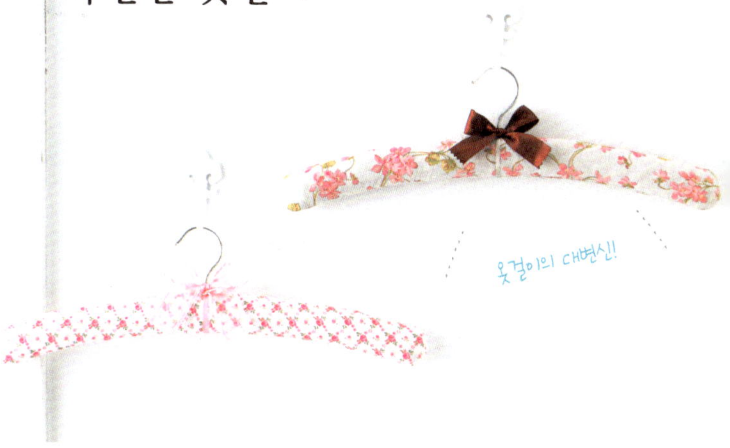

아무런 특색 없는 옷걸이가 꽃무늬 프린트를 만나 멋지게 변신! 리본은 포인트도 되지만, 이음매를 가려주는 중요한 역할도 합니다. 폭신폭신한 퀼팅 솜은 옷의 모양이 변형되는 것을 방지해 줍니다.
(작품 제작 : 사이타마 현/와타나베 토모코)

1. 패턴을 만들고, 원단을 재단한다

1 패턴지에 옷걸이의 모양을 따라 그린다

2 1에 두께 분을 덧붙여 패턴을 만든다

3 2의 패턴에 맞춤점을 표시하고, 창구멍 이외에 시접을 주어 4장 재단한다

★ 시접은 지정 이외 1cm

재료(1개 분) 몸판 20×50cm, 퀼팅솜 20×95cm, 3.3cm폭 리본 50cm, 0.5cm폭 리본 15cm, 솜, 양면테이프, 폭 약 2.2×전체 길이 약 40cm의 옷걸이

2. 몸판을 만든다

1 중앙을 안으로 접는다

2 2장을 겉끼리 맞대어 창구멍을 남기고 봉합한다

3 곡선에 가윗집을 주고, 겉으로 뒤집어 모양을 정리한다

• 2개 만든다

3. 옷걸이에 퀼팅솜을 붙인다

1 옷걸이의 양쪽면에 양면테이프를 붙이고, 옆면보다 작게 자른 퀼팅솜을 붙인다

2 옷걸이의 두께 부분에 옷걸이 두께+옆면의 세로 폭 분의 퀼팅솜을 한 바퀴 감아 달고, 양 끝을 맞춰 공그르기한다

3 2에서 감아 단 퀼팅솜의 양끝을 옆면의 퀼팅솜 쪽으로 펴서 옷걸이를 감싸 공그르기한다

4. 마무리한다

1 몸판의 끝에 솜을 채워 옷걸이에 씌우고, 중앙을 맞춰 공그르기한다

2 중앙에 0.5cm폭 리본을 양면테이프로 붙이고, 송곳으로 리본의 양 끝을 후크 밑부분의 구멍에 밀어 넣는다

3 후크의 밑부분에 양면테이프를 붙인 다음, 3.3cm폭의 리본을 감아 달고 나비 매듭으로 묶는다

★ 완성 사이즈 전체 길이 약 42cm

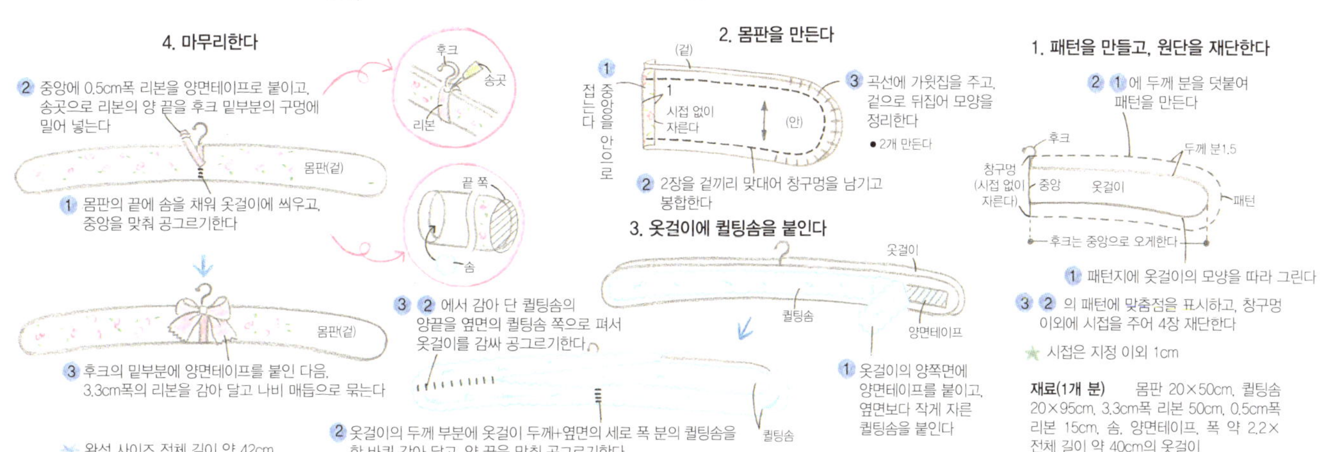

1. 겉몸판과 안몸판을 만든다　겉감

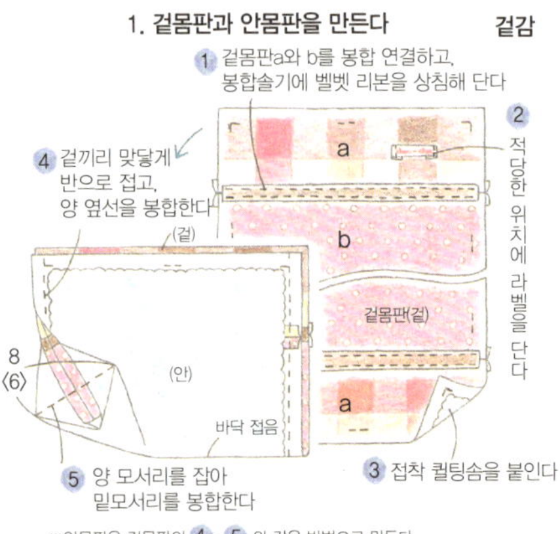

※안몸판은 겉몸판의 ④·⑤ 와 같은 방법으로 만든다

2. 마무리한다

완성 사이즈
약 가로13(10)×세로12(9)㎝,
밑모서리 폭 약 8(6)㎝

재료　大 : 겉몸판a 25×20cm, 겉몸판b 사방25cm, 안몸판 25×35cm　小 : 겉몸판a 20×15cm, 겉몸판b 사방20cm, 안몸판20×30cm, 공통 : 접착 퀼팅솜 45×35cm, 1cm폭 벨벳 리본 1.5m, 1.2cm폭 가죽테이프 55 cm, 지름0.9cm 양면징 4쌍, 라벨 2장

제도

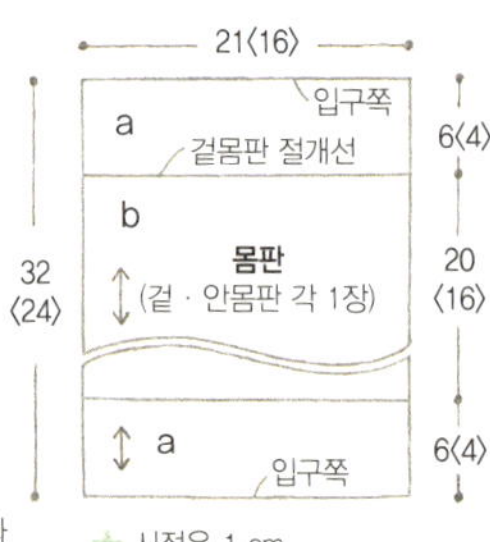

손잡이 달린 소품 바구니

바구니 두 개의 사이즈가 다르기 때문에 겹쳐서 보관하면 되는 소품 바구니. 넓게 잡은 밑모서리는 바닥을 삼각형으로 잡아 봉합하기만 하면 되기 때문에 간단합니다. 입구가 넓어서 안감이 눈에 띄기 때문에 안감의 원단 선택에도 신경 써주세요!
(작품 제작 : 오사카 부/이케다 마키)

손잡이는 양면징으로 달았기 때문에 옆으로 넘길 수 있어 물건을 넣고 빼기가 쉽습니다. 고리에 걸어두거나 책상에 놓는 등 장소에 맞게 사용해 보세요.

House keeping

하우스 키핑

귀여운 소품 바구니를 사용하면

정리정돈도 즐겁다!

귀엽고 실용성 높은 정리정돈 용품이 여기에!

폭신한 소품 바구니

퀼팅솜을 끼운 폭신폭신하고 풍성한 모양이 한가로운 간식타임에 딱입니다. 수납할 물건의 크기와 양에 따라 저당한 크기의 바구니를 선택해 보세요. 바구니 입구 둘레의 주름은 손바느질로 예쁘게 잡을 수 있습니다.
(작품 제작 : 쿠마모토 현/아라키 요코)

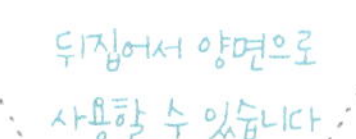

겹쳐놓으면 깔끔하게 정리됩니다. 양면으로 사용 할 수 있도록 만들었기 때문에, 기분에 따라 꽃무늬와 체크무늬를 바꿔 사용 할 수 있습니다.

주사위 박스

미리 만들어 모아 둔 사방10cm의 코스터 6장을 주사위 형태로 연결하면 덮개가 달린 박스가 완성됩니다. 6장의 양면을 모두 다른 무늬로 완성하면 활기찬 분위기가 연출됩니다.

(작품 제작 : 나라 현/차탄 아츠고)

재봉틀 불필요

재료(1개 분) 겉감 6종류 각 사방15cm, 안감 40×30cm, 접착 퀼팅솜 40×30cm, 지름1.5cm 단추 1개, 레이스실, 레이스 바늘

시접은 1cm

1 겉감에 접착 퀼팅솜을 붙인다

10 / 안감(겉) / 창구멍4 / 덮개 겉감(안) / 10 / 0.5 / 2.5

고리 : 레이스실로 사슬뜨기 30코(약 7cm)를 만들고, 반으로 접는다

2 겉감과 안감을 겉끼리 맞대어 고리를 끼운 후, 창구멍을 남기고 봉합한다

3 시접을 0.5cm로 잘라낸다. 네 모퉁이를 자르고.

4 겉으로 뒤집고, 창구멍을 막는다

덮개 겉감(겉)

5 퀼팅한다
※몸판은 고리 없이 5장 만든다

6 몸판 5장을 봉합하고, 덮개와 몸판을 감침질로 봉합하여 연결한다

안감(겉) / 덮개

7 고리에 맞춰 단추를 단다

겉감(겉)

완성 사이즈 바닥 사방 약 10cm, 높이 약 10cm

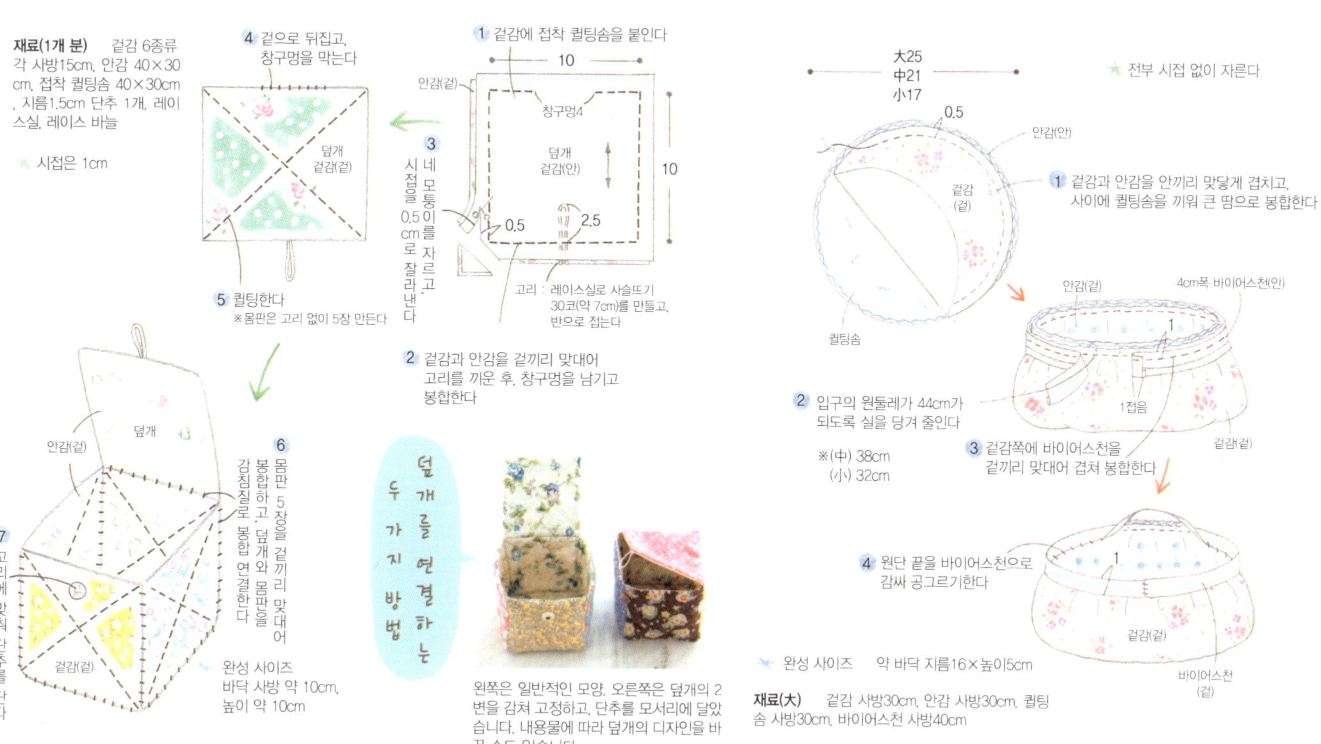

왼쪽은 일반적인 모양. 오른쪽은 덮개의 2변을 감쳐 고정하고, 단추를 모서리에 달았습니다. 내용물에 따라 덮개의 디자인을 바꿀 수도 있습니다.

大25 中21 小17

★ 전부 시접 없이 자른다

0.5 / 안감(안) / 겉감(겉)

1 겉감과 안감을 안끼리 맞닿게 겹치고, 사이에 퀼팅솜을 끼워 큰 땀으로 봉합한다

퀼팅솜 / 안감(겉) / 4cm폭 바이어스천(안) / 1 / 1접음 / 겉감(겉)

2 입구의 원둘레가 44cm가 되도록 실을 당겨 줄인다

※(中) 38cm
(小) 32cm

3 겉감쪽에 바이어스천을 겉끼리 맞대어 겹쳐 봉합한다

4 원단 끝을 바이어스천으로 감싸 공그르기한다

1 / 겉감(겉) / 바이어스천(겉)

완성 사이즈 약 바닥 지름16×높이5cm

재료(大) 겉감 사방30cm, 안감 사방30cm, 퀼팅솜 사방30cm, 바이어스천 사방40cm

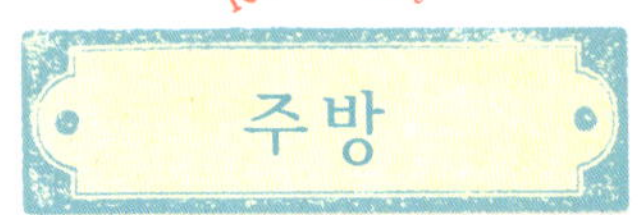

멋스럽고 편리한 주방 소품은
요리하는 시간을 즐겁게 만들어 줍니다!

이것만 있으면 옷이 흘러내릴 때마다 번거롭게 소맷부리를 걷어 올리지 않아도 됩니다!

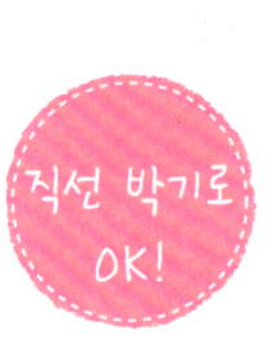

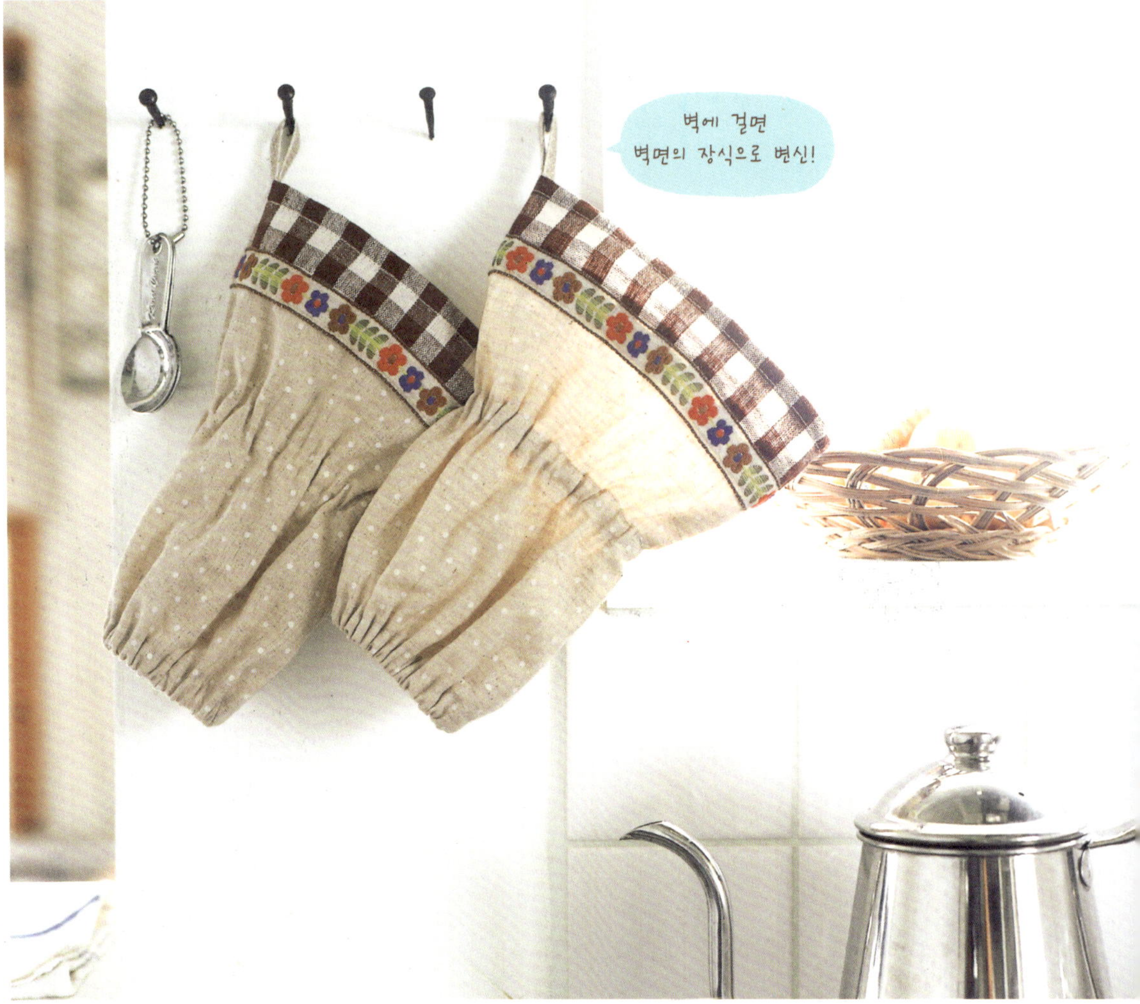

소매 토시

팔에 끼워 사용하는 소매 토시는 주방일을 할 때 꼭 필요한 아이템. 실물크기 패턴 없이 직사각형으로 직접 재단합니다. 재단한 후 원통형으로 봉합하고, 길이가 다른 고무줄을 두 곳에 통과시키면 풍성하게 퍼지는 실루엣으로 완성됩니다.

(작품 제작 : 쿠마모토 현/아라키 요코)

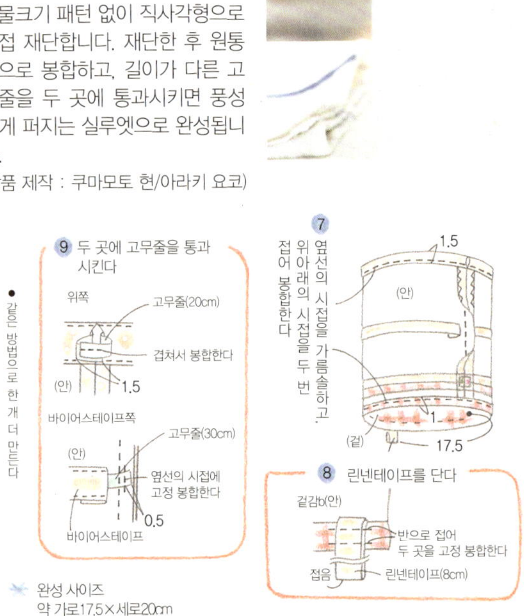

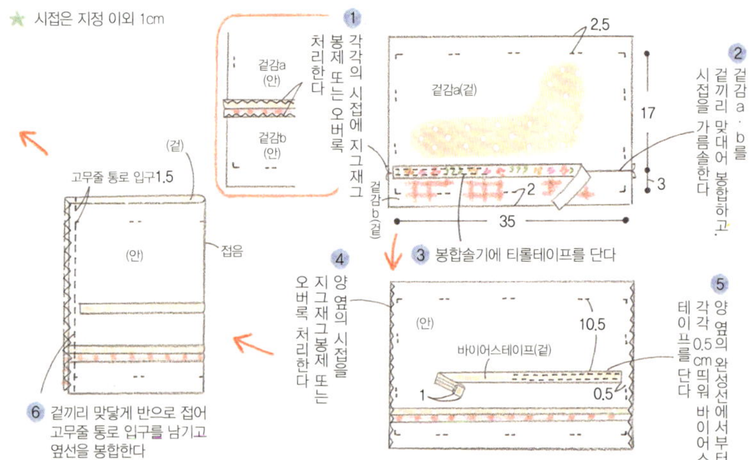

★ 시접은 지정 이외 1cm

① 각각의 시접에 지그재그 봉제 또는 오버록 처리한다

겉감a (안)
겉감b (안)
겉감b (겉)

② 겉감 a · b를 겉끼리 맞대어 봉합하고, 시접을 가름솔한다

2.5
겉감a(겉)
겉감b(겉)
17
3
35

③ 봉합솔기에 티롤테이프를 단다

2

④ 양 옆의 시접을 지그재그봉제 또는 오버록 처리한다

(안)

⑤ 양 옆의 완성선에서부터 각각 0.5cm 띄워 바이어스 테이프를 단다

(안)
바이어스테이프(겉)
10.5
0.5
1

⑥ 겉끼리 맞닿게 반으로 접어 고무줄 통로 입구를 남기고 옆선을 봉합한다

고무줄 통로 입구1.5
(겉)
(안)
접음

⑦ 옆선의 시접을 가름솔하고. 위아래의 시접을 두 번 접어 봉합한다

(안)
1.5
(겉)
1
17.5

⑧ 린넨테이프를 단다

겉감b(안)
반으로 접어 두 곳을 고정 봉합한다
접음
린넨테이프(8cm)

⑨ 두 곳에 고무줄을 통과시킨다

위쪽
고무줄(20cm)
겹쳐서 봉합한다
(안)
1.5

바이어스테이프쪽
고무줄(30cm)
(안)
옆선의 시접에 고정 봉합한다
0.5
바이어스테이프

● 같은 방법으로 한 개 더 만든다

✳ 완성 사이즈
약 가로17.5×세로20cm

재료 겉감a 40×50cm, 겉감b 40×20cm, 1.8cm폭 티롤테이프 80cm, 1.2cm폭 바이어스테이프 80cm, 1cm폭 린넨테이프 20cm, 0.5cm폭 고무줄 1.1m

바늘도 실도 필요 없다

병뚜껑 커버

병뚜껑에 원단과 레이스를 붙여 멋진 탁상 소품으로 완성했습니다. 모티브는 그대로 잘라서 양면 접착심으로 아플리케하고, 바탕 천의 원단 끝 위로 레이스나 테이프를 한 바퀴 감으면 완성됩니다. 바탕천은 팽팽한 느낌으로 붙이면 완성했을 때 예쁩니다.

(작품 제작 : 사이타마 현/와타나베 토모코)

비닐팩 스토커

좁은 주방에서 방해가 되지 않는 벽걸이 타입으로 몸판은 원통형으로 봉합하고, 위아래에 고무줄을 넣기만 하면 되는 간단한 디자인입니다. 같은 계열의 색을 여러 장 연결해야 하지만, 직선 박기로 연결하기 때문에 쉽게 만들 수 있습니다.

(작품 제작 : 효고 현/타카하시 만유리)

재료 몸판a·b·c 각 45×20cm, 입구천 45×15cm, 1.5cm폭 레이스 45cm, 0.5cm폭 가죽끈 25cm, 지름0.2cm 둥근 고무줄 30cm

★ 시접은 지정 이외 1cm

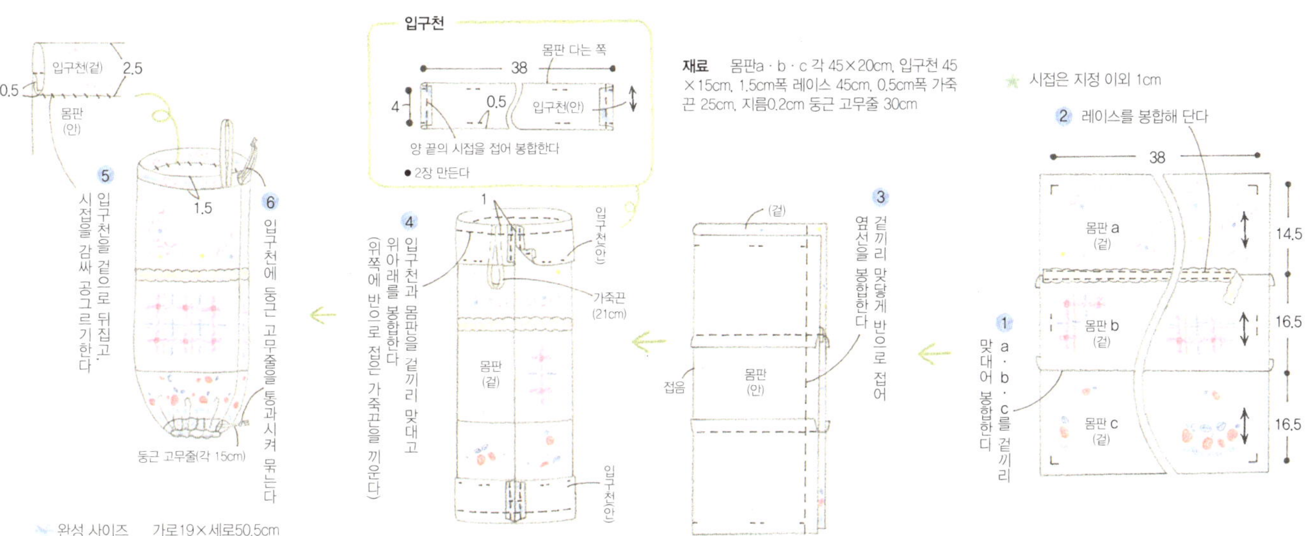

완성 사이즈 가로19×세로50.5cm

Sanitary

욕실

욕실 용품은 매일

사용하는 것이기 때문에

겉모습의 귀여움과

사용하기 편함은 물론

청결함과 촉감도 중요!

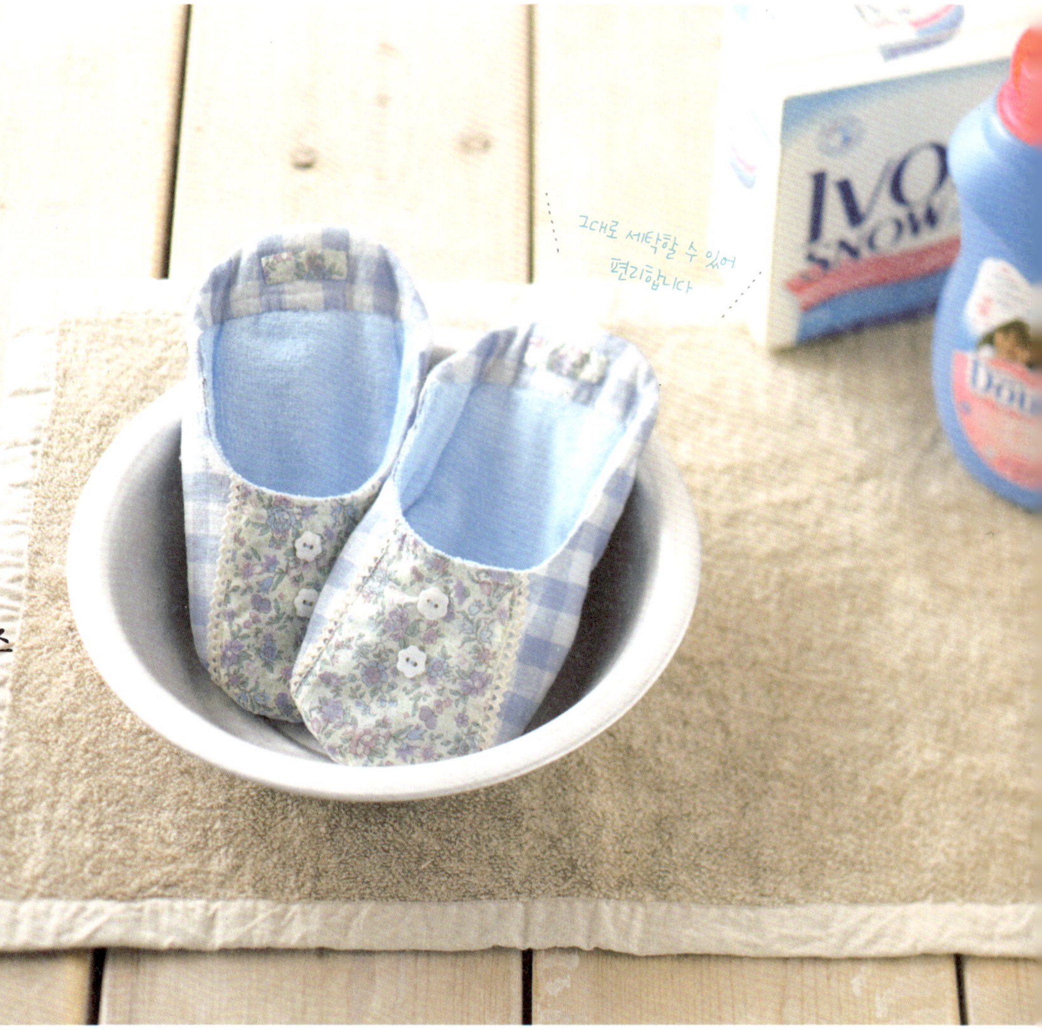

그대로 세탁할 수 있어
편리합니다

세탁할 수 있는 룸슈즈

산뜻한 파란색의 룸슈즈는 바닥에 퀼팅솜을 사용했기 때문에 그대로 세탁할 수 있습니다. 안쪽 바닥에는 타월지를 사용하여 촉감에 신경썼습니다. 작업은 좌우를 한꺼번에 진행하면 조금 더 간단합니다.

(작품 제작 : 가와나가 현/사카자키 토모미)

2. 바닥을 달고, 마무리한다

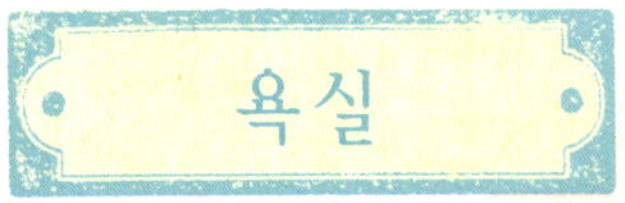

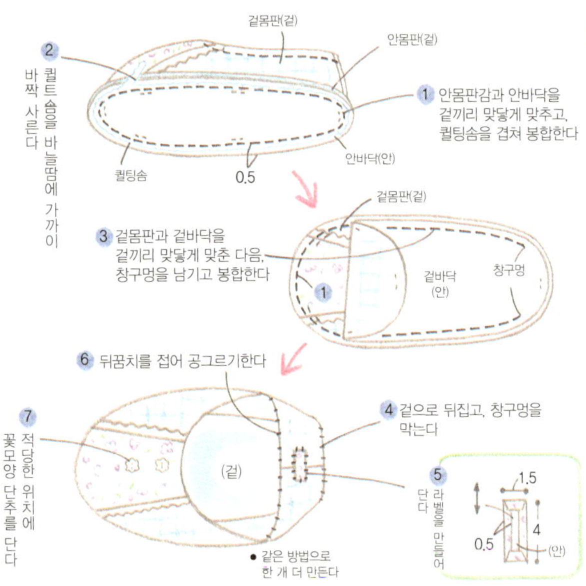

겉몸판(겉)
안몸판(겉)
2 퀼트솜을 바늘땀에 가까이 바짝 자른다
1 안몸판감과 안바닥을 겉끼리 맞닿게 맞추고, 퀼팅솜을 겹쳐 봉합한다
퀼팅솜
0.5
안바닥(안)
겉몸판(겉)
3 겉몸판과 겉바닥을 겉끼리 맞닿게 맞춘 다음, 창구멍을 남기고 봉합한다
겉바닥 (안)
창구멍
6 뒤꿈치를 접어 공그르기한다
7 적당한 위치에 꽃모양 단추를 단다
(겉)
4 겉으로 뒤집고, 창구멍을 막는다
5 라벨을 만들어 단다
1.5
4
0.5
(안)
• 같은 방법으로 한 개 더 만든다

완성 사이즈 약 25cm

1. 발등을 만든다

시접은 1cm

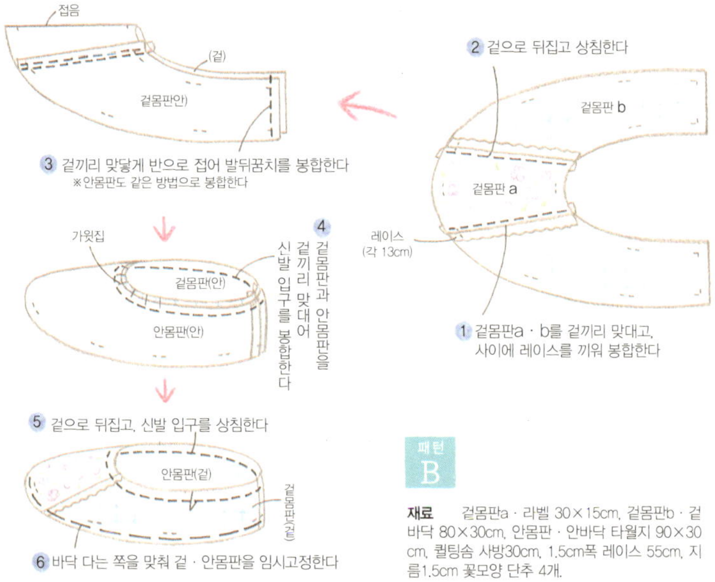

접음
(겉)
겉몸판(안)
3 겉끼리 맞닿게 반으로 접어 발뒤꿈치를 봉합한다
※안몸판도 같은 방법으로 봉합한다
2 겉으로 뒤집고 상침한다
겉몸판 b
겉몸판 a
레이스 (각 13cm)
1 겉몸판a · b를 겉끼리 맞대고, 사이에 레이스를 끼워 봉합한다
가윗집
겉몸판(안)
안몸판(안)
4 겉몸판과 안몸판을 겉끼리 맞대어 신발 입구를 봉합한다
5 겉으로 뒤집고, 신발 입구를 상침한다
안몸판(겉)
겉몸판(겉)
6 바닥 다는 쪽을 맞춰 겉 · 안몸판을 임시고정한다

패턴 B

재료 겉몸판a · 라벨 30×15cm, 겉몸판b · 겉바닥 80×30cm, 안몸판 · 안바닥 타월지 90×30cm, 퀼팅솜 사방30cm, 1.5cm폭 레이스 55cm, 지름1.5cm 꽃모양 단추 4개.

헤어밴드

회사명이 들어간 처치곤란한 타월이 예쁜 욕실 용품으로 변신했습니다. 올이 풀리기 쉬운 원단의 끝은 바이어스테이프로 감쌌습니다. 타월에 고무줄을 달 때는 고무줄을 강하게 당겨가면서 봉합하는 것이 포인트입니다.
(작품 제작 : 사이타마 현/고바야시 가오리)

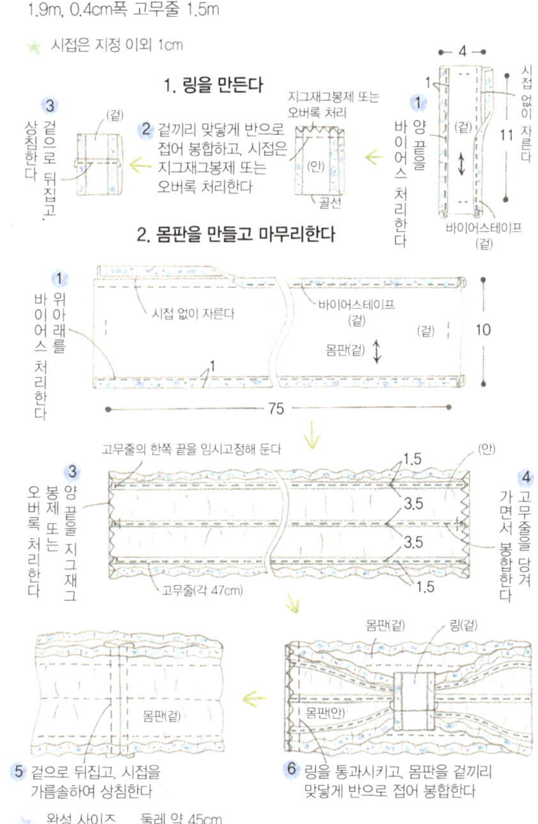

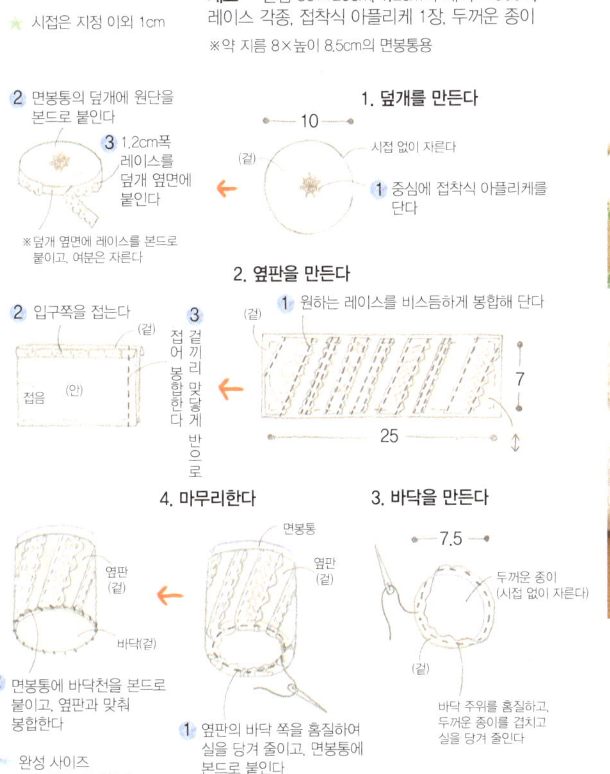

면봉통 커버

플라스틱의 면봉통이 보석상자처럼 변신! 면봉통에 원단을 바로 붙이면 되기 때문에 작업이 간단합니다. 레이스는 바탕천과 어울리는 내추럴 컬러로 연출하면 멋스럽습니다.
(작품 제작 : 히로시마 현/나카지마 쿄고)

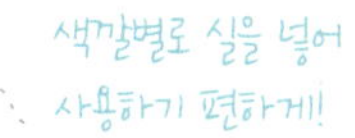

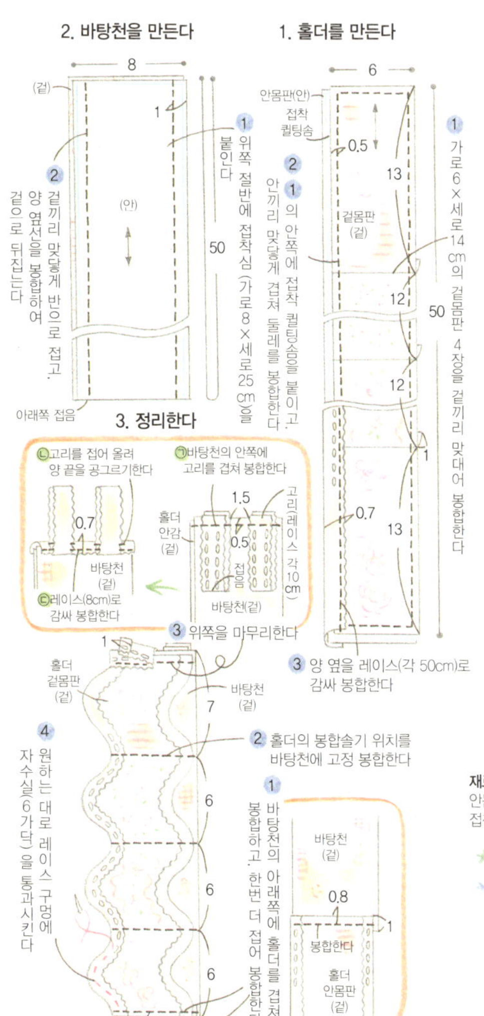

실패 홀더

어떤 색의 실이 들어가 있는지 한 눈에 알 수 있도록 실 색에 맞춰 홀더의 원단을 골랐습니다. 입체적으로 보이지만 가늘고 긴 원단을 실패의 크기에 맞춰 고정 봉합하기만 하면 되기 때문에 간단합니다.
(작품 제작 : 야마구치 현/이시마루 마유미)

가장자리에 단 사다리 레이스에 홀더와 같은 색의 리본을 통과시켜 귀엽게 완성했습니다.

재료(1개 분) 홀더 겉몸판 4종 각 10×20cm, 홀더 안몸판 · 바탕천 20×60cm, 접착 퀼팅솜 10×60cm, 접착심 10×30cm, 1.5cm폭 레이스 1.3m, 자수실

★ 시접 없이 자른다

➤ 완성 사이즈 약 가로6×세로25cm

일상에서 가장 즐거운 시간이기 때문에

편리한 원단 소품으로 더욱 더 즐겁게!

가위집

사용이 끝난 가위는 직접 만든 가위집에 넣어 가윗날 끝을 보호합시다. 펠트 2장을 겹쳐 둘레를 블랭킷 스티치로 감치면 완성됩니다. 바늘땀의 간격과 길이를 일정하게 하는 것이 깔끔하게 완성하는 포인트입니다.
(작품 제작 : 사이타마 현/고바야시 가오리)

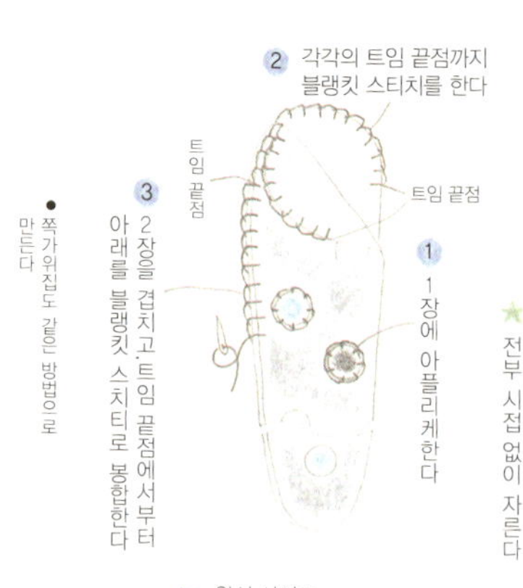

➤ 완성 사이즈
재단 가위집 : 약 가로5cm×세로17
쪽가위집 : 약 가로4cm×세로12

패턴 B

재료 재단가위집 : 몸판용 펠트 15×20cm, **쪽가위집** : 몸판용 펠트10×15cm **공통** : 아플리케용 펠트, 자수실

재봉틀 불필요

바늘 케이스

마음에 드는 오렌지색의 원단으로 완성한 바늘 케이스. 작지만 퀼트에 필요한 도구 한 세트가 이 안에 담겨 있습니다. 큰 물건을 만들 때는 작업하는 곳에 이것만 들고 가면 되기 때문에 편리합니다.

(작품 제작 : 사이타마 현/오오데 사토미)

★ 시접은 1cm

2. 안감을 만든다

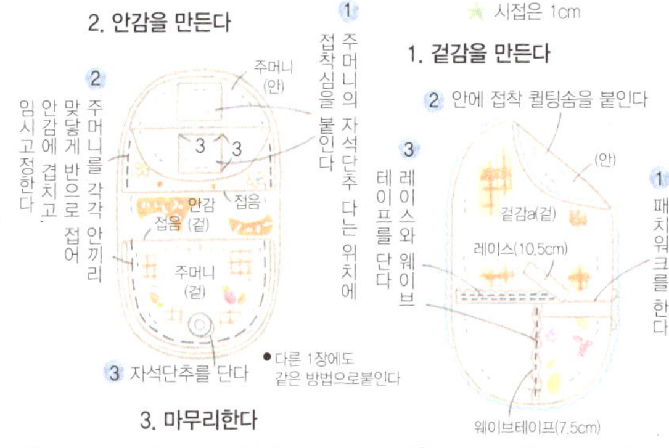

1 주머니의 자석단추 다는 위치에 접착심을 붙인다

2 주머니를 맞닿게 각각 안끼리 겹쳐 접어 임시고정한다

3 자석단추를 단다

* 다른 1장에도 같은 방법으로붙인다

1. 겉감을 만든다

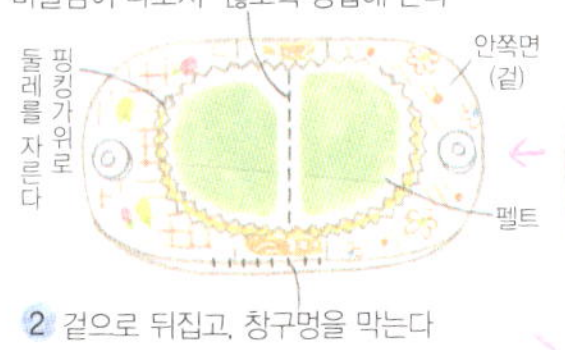

2 안에 접착 퀼팅솜을 붙인다

3 레이스와 웨이브테이프를 단다

1 패치워크를 한다

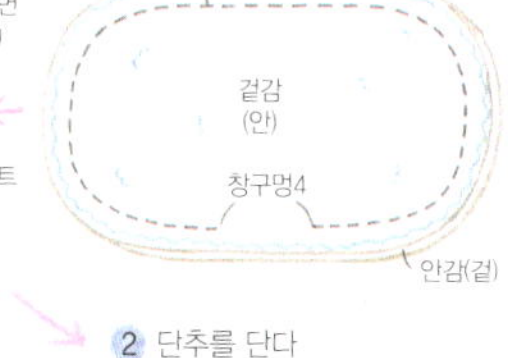

웨이브테이프(7.5cm)
레이스(10.5cm)

3. 마무리한다

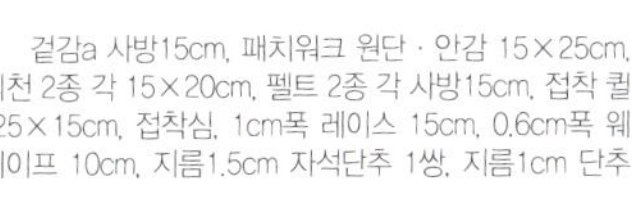

3 바늘꽂이 2장을 겹치고, 겉감에 바늘땀이 나오지 않도록 봉합해 단다

2 겉으로 뒤집고, 창구멍을 막는다

1 겉감과 안감을 겉끼리 맞대어 창구멍을 남기고 봉합한다

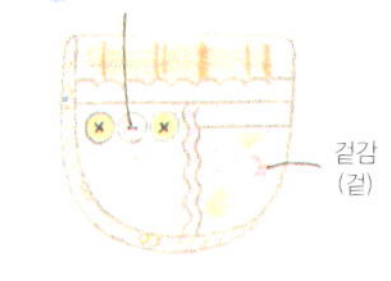

2 단추를 단다

패턴 B 완성 사이즈 (닫은 상태) 약 가로9×세로8.5cm

재료 겉감a 사방15cm, 패치워크 원단·안감 15×25cm, 주머니천 2종 각 15×20cm, 펠트 2종 각 사방15cm, 접착 퀼팅솜 25×15cm, 접착심, 1cm폭 레이스 15cm, 0.6cm폭 웨이브테이프 10cm, 지름1.5cm 자석단추 1쌍, 지름1cm 단추 3개

재료 小(2개 분) : 겉감 40×30cm, 안감 2종 각 20×30cm, 2.5cm폭 린넨테이프 15cm **中** : 겉감 사방35cm, 안감 사방35cm, 2.5cm폭 린넨테이프 15cm **大** : 겉감 45×40cm, 안감 45×40cm, 2.5cm폭 린넨테이프 40cm

바늘꽂이용 펠트를 봉합해 달고, 골무나 가위를 넣는 주머니도 달았습니다. 자석단추에 바늘을 붙여 놓을 수도 있습니다.

1 입구쪽은 다리미로 접어 다린다

2 겉끼리 맞닿게 반으로 접고, 양 옆선을 봉합한다

※안몸판은 ( )안의 치수로 재단하여 겉몸판과 같은 방법으로 만든다

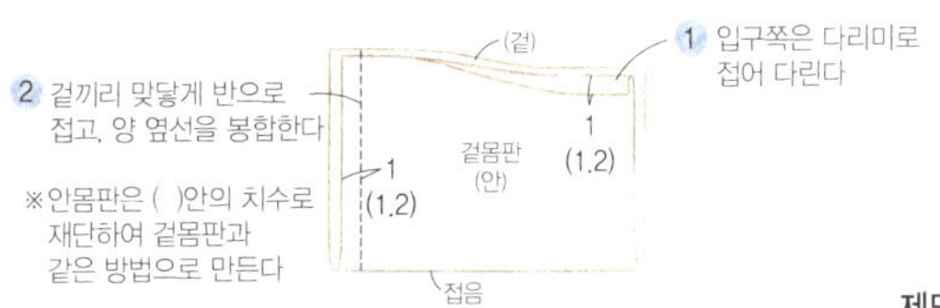

제도

小 16 / 中 29 / 大 38

입구쪽

小 (겉몸판·안몸판 각 2장) **中·大** (겉몸판판·안몸판 각 1장)

小 23 / 中 28 / 大 34

시접 없이 자른다

입구쪽

3 겉몸판과 안몸판의 바닥을 맞추고, 2장 함께 밑모서리를 봉합한다

〈大〉 小 7 / 中 12 / 大 16

小 3.5 / 中 6 / 大 8

시접을 1cm로 자른다

입구쪽을 접는다

안몸판(안)

〈中〉

〈小〉

4 겉몸판과 안몸판을 안끼리 맞대어 사이에 린넨테이프를 끼우고, 입구둘레를 봉합한다

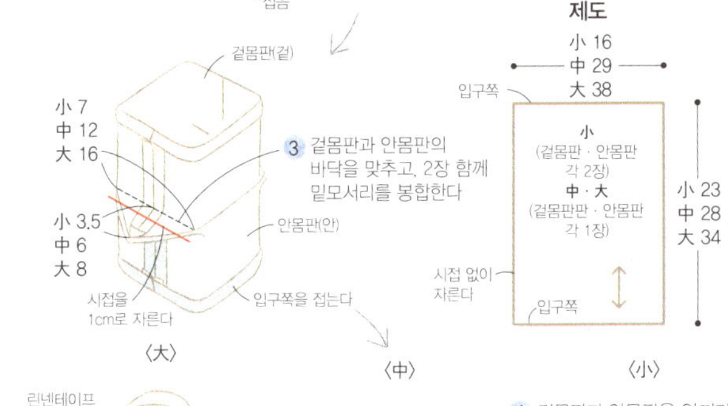

린넨테이프 (각 18cm)
안몸판(겉)
5
겉몸판(겉)
옆

린넨테이프 (각 6cm)
안몸판(겉)
2
겉몸판(겉)
옆

안몸판(겉)
2
6
린넨테이프 (6cm)
겉몸판(겉)
옆

완성 사이즈
小 : 약 가로7×세로7×높이7cm, **中** : 약 가로15×세로12 ×높이7cm
大 : 약 가로20×세로16×높이8cm

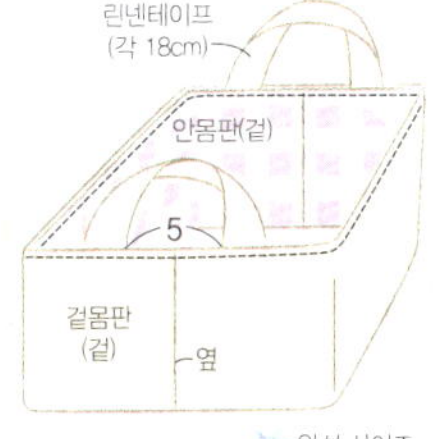
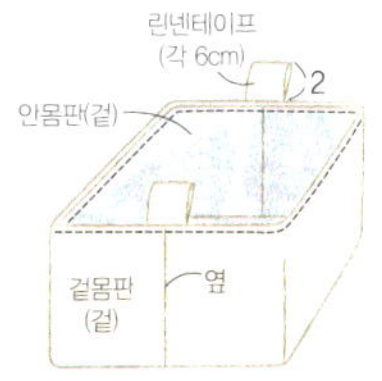
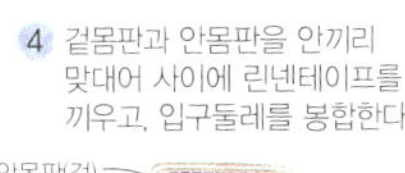
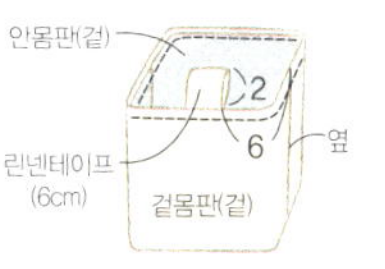

박스를 포개 놓으면 자리를 많이 차지하지 않고, 서랍이나 선반에 척척 수납됩니다. 큰 박스는 옮기기 편하도록 손잡이를 달았습니다.

도톰한 캔버스 원단을 사용하면 심지를 붙이지 않아도 튼튼한 박스를 만들 수 있습니다. 물론 전부 직선 박기이기 때문에 어렵지 않게 만들 수 있습니다. 흰색 원단과 무늬가 있는 원단의 대비도 아름답습니다!

(작품 제작 : 가와나가 현/아오키 에리)

직선 박기로 OK!

보관용 큐브 박스

Tea time

티타임

우리집에서 즐기는 "티타임"

아플리케가 포인트인 직접 만든 소품으로

친구들과 함께 여유로운 시간을 보내보세요!

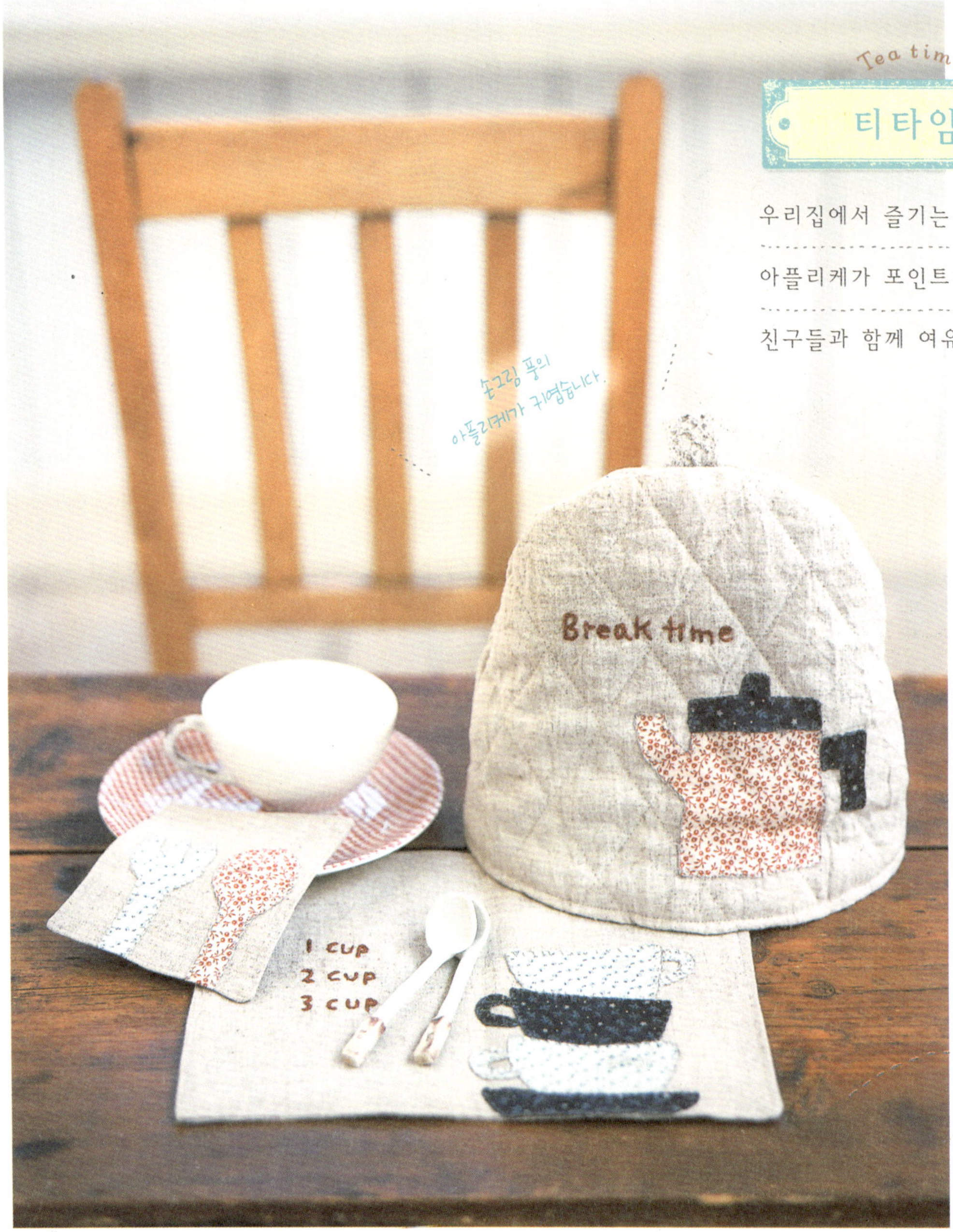

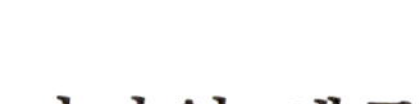

티타임 세트

집에서 직접 구운 과자에 어울릴 듯한 티타임 세트. 티코지는 퀼팅 원단을 골랐기 때문에 솜을 채우는 작업은 생략했습니다. 아플리게 원단은 양면 접착심을 붙였기 때문에 그대로 잘라도 올이 풀리지 않습니다!

(작품 제작 : 효고 현/쿠로고시노 리고)

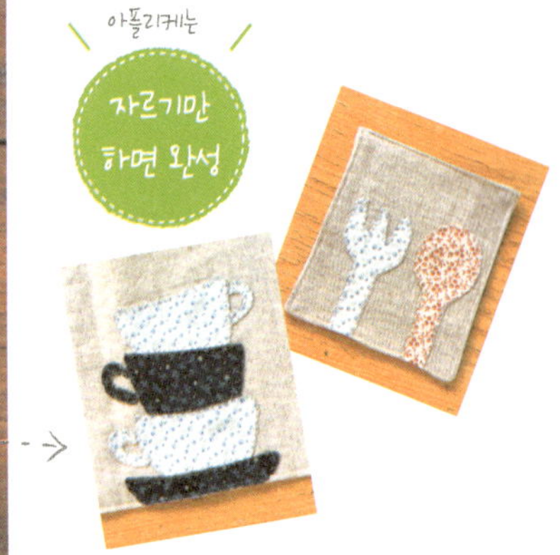

핸드터치의 소박한 도안은 티타임에 어울리는 잡화로 골랐습니다. 열어 보이는 작은 꽃무늬 원단과 진한 네이비색 원단의 매치가 조화롭습니다.

★ 시접은 지정 이외 1cm

패턴 A

재료(티코지) 겉몸판용 퀼팅 원단 35×50cm, 안몸판 35×50cm, 아플리케 원단 2종, 양면 접착심 사방 15cm, 2cm폭 레이스 10cm, 자수실

1. 겉몸판을 만든다

2. 안몸판을 만든다

완성 사이즈 약 가로27×세로21cm

3. 마무리한다

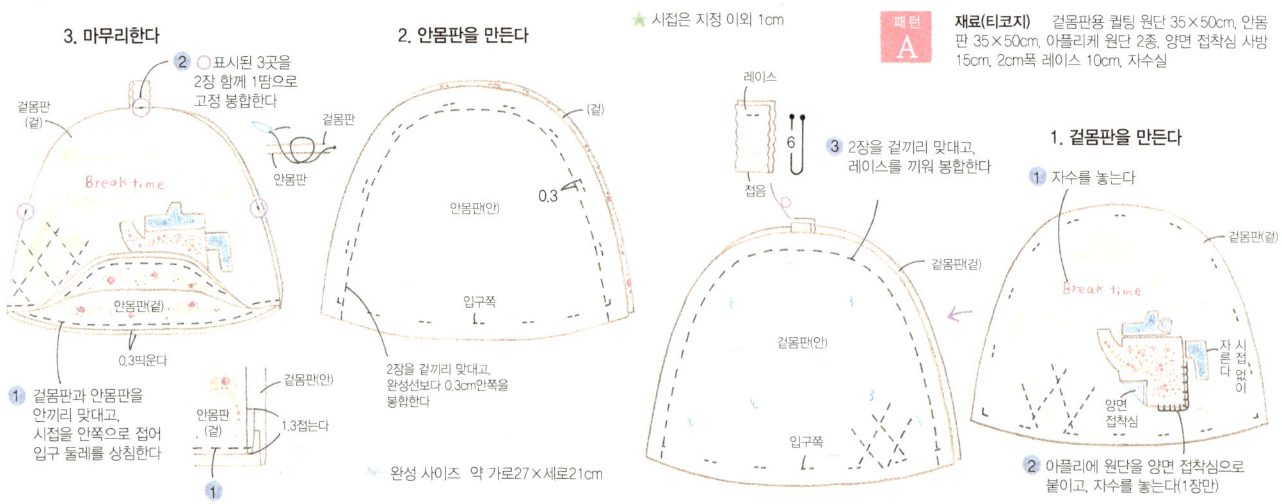

컬러풀 간식 매트

바탕천을 잘라내고, 잘라낸 뒤쪽으로 원단을 덧대는 기법을 리버스 아플리케라고 합니다. 원단 끝을 정리할 필요가 없는 펠트를 사용하면 간단하게 완성할 수 있습니다. 귀여운 버섯 모양과 따뜻함이 있는 펠트가 잘 어울립니다.

(작품 제작 : 치바 현/사카키바라 사치코)

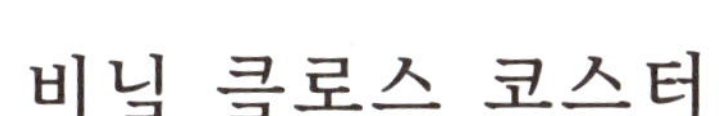

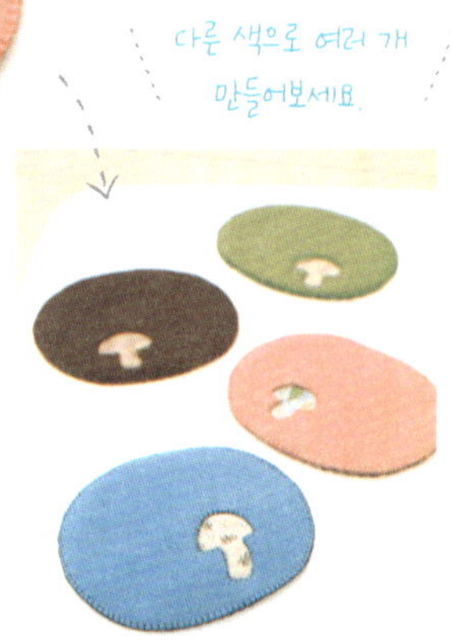

버섯이 1개 아플리케된 미니 매트. 나만의 간식 매트가 있는 것은 아이에게 기분 좋은 일입니다.

비닐 클로스 코스터

재료(매트·大) 겉감용 워셔블 펠트 25×20cm, 안감 사방 25cm, 덧대는 천 3종 각 사방 10cm, 자수실

패턴 B

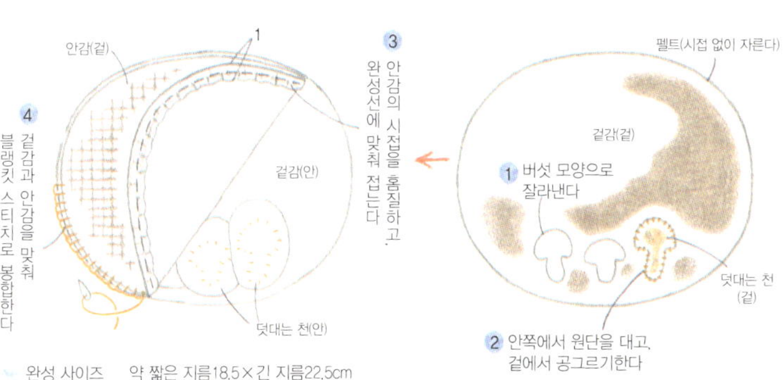

바늘도 실도 사용하지 않고 물에 강한 코스터를 완성! 비닐 클로스 끼리의 접착성을 이용해서 비닐보다 작은 자투리 천을 비닐 사이에 끼우기만 하면 완성됩니다.

(작품 제작 : 나라 현/차탄 아츠고)

재료는 약 사방10cm의 비닐 클로스 2장과 사이에 끼울 자투리 천 자투리 천은 얇은 원단을 사용하면 좋다.

런치 타임

즐거운 런치 타임.

직접 만든 소품과 함께 한다면

도시락을 펼치기 전부터

모두에게 주목을 받을 것입니다.

동글동글 마크 런치 세트

심플한 린넨의 런치 세트에 아플리케를 지그재그로 봉합하기만 하면 귀엽게 변신! 스티치의 멋을 강조하기 위해 아플리케 원단은 눈에 띄는 무늬로 하는 것이 포인트입니다.
(작품 제작 : 후쿠오카 현/ 호소카와 미키)

뒷면도 아플리케. 이쪽은 크기가 다른 체크무늬 원단을 골랐습니다. 바이어스 방향으로 붙이면 활기찬 느낌이 듭니다.

만드는 방법
아플리케 원단에 양면 접착심을 붙이고, 바탕천에 고정한다. 미싱으로 소용돌이나 지그재그 무늬로 스티치 한다. 아플리케가 끝나면 매트나 스트링 파우치로 완성한다.
완성 사이즈(스트링 파우치) : 가로19× 세로25cm

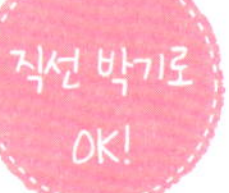

직선 박기로 OK!

만능 클로스

정사각형의 더블거즈와 와플원단을 겹쳐서 둘레를 봉합하기만 하면 완성되는 클로스. 손수건으로도 사용할 수 있고, 식사시간에는 단추에 끈을 걸어 아이의 턱받이로 변신!
(작품 제작 : 군마 현/시미즈 유미)

단추와 고리로 아이의 턱받이로!

만드는 방법
약 사방30cm의 원단 2장을 걸끼리 맞대어 창구멍을 남기고 둘레를 봉합한 후 겉으로 뒤집어 한 바퀴 둘레를 상침한다. 싸개 단추와 끈을 대각선 위에 오도록 봉합해 달면 완성.

페트병 커버

페트병 커버가 있으면 페트병을 가방에 넣었을 때, 커버가 물방울을 흡수해서 가방 안에 들어있는 물건들이 젖지 않습니다. 페트병을 커버에서 꺼내지 않아도 물을 마실 수 있도록 입구가 나오는 디자인으로 만들었습니다. 밑모서리는 바닥을 삼각으로 접어 간단하게 완성합니다.
(작품 제작 : 사가 현/니시무라 토모코)

도시락 고무밴드

끈 묶기나 단추 잠그기를 잘 못하는 어린아이에게는 고무밴드가 편리합니다. 밴드는 시중에서 판매하고 있는 무늬가 들어간 바이어스테이프로 만들면 겉으로 뒤집을 필요가 없습니다.
(작품 제작 : 교토 부/이와노 에미코)

만드는 방법

무늬가 들어간 바이어스테이프 2장을 안끼리 맞대고, 긴 쪽의 변을 봉합하여 원형으로 만든 후, 고무줄을 통과시켜 밴드를 만든다. 펠트 원단을 잘라 원하는 자수를 놓은 모티브를 밴드에 봉합해 단다.

패턴 B

★ 시접은 지정 이외 1cm

1. 겉몸판 · 안몸판을 만든다

〈겉몸판〉

4 겉끼리 맞닿게 반으로 접어 트임 입구를 남기고 옆선과 바닥을 봉합한다
(겉)
접음
겉몸판(안)
트임 입구 4.5
7.5
24
2.5
겉몸판 a
접음선
접음선

2 겉몸판a와 b를 겉끼리 맞대어 봉합한다

3 봉봉 블레이드를 겹쳐 봉합한다
(겉)
겉몸판 b
바닥쪽
13

〈안몸판〉
안몸판(겉)
15
24
바닥쪽

1 겉몸판b에 접착 퀼팅솜을 붙인다

※안몸판은 겉몸판의 4 5 와 같은 방법으로 봉합한다(트임 입구 없음)

5 바닥의 양 모서리를 잡고, 밑모서리를 봉합한다

6 옆선의 시접을 가름솔하고, 트임 입구에 상침한다
0.5
겉몸판(안)
옆

2. 마무리한다

3 겉몸판쪽으로 뒤집어 트임 입구에 블레이드를 통과시키고, 장식천을 단다
장식천(안)
장식천의 원단 끝을 접으면서 홈질을 하고, 퀼팅솜과 블레이드 끝을 겹쳐 당겨 줄인다
0.5
3

1 겉몸판과 안몸판을 안끼리 맞대고, 시침질을 한다

2 겉몸판의 입구 쪽을 접음선으로 접고, 겉몸판의 입구 쪽을 접음선으로 접고 봉합한다
겉몸판(겉)
겉몸판(안)
안몸판(겉)
5

완성 사이즈
약 가로6×세로15cm, 밑모서리 폭 약 6cm

재료 겉몸판a 30×15cm, 겉몸판b · 장식천 사방30cm, 안감 30×20cm, 접착 퀼팅솜 30×20cm, 지름0.5cm 봉봉 블레이드 30cm, 0.8cm폭 블레이드 35cm, 솜

Time for going out

외출 타입

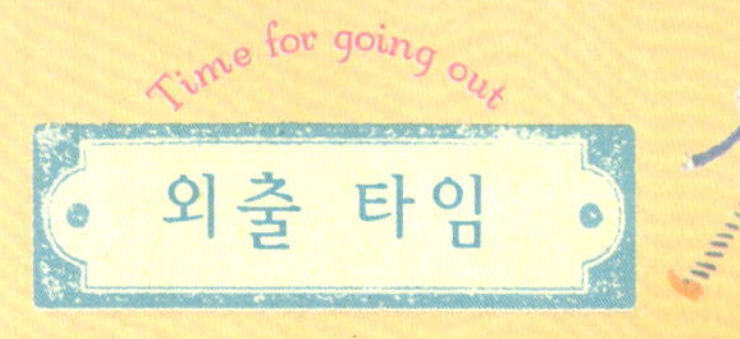

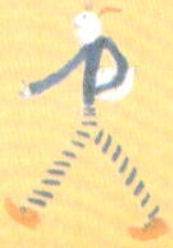

귀여운 원단으로 만드는 세련된 마스크.

감기에 걸리기 쉬운 계절에는 물론, 여행지의 호텔이나

비행기 안에서도 꼭 필요한 아이템입니다!

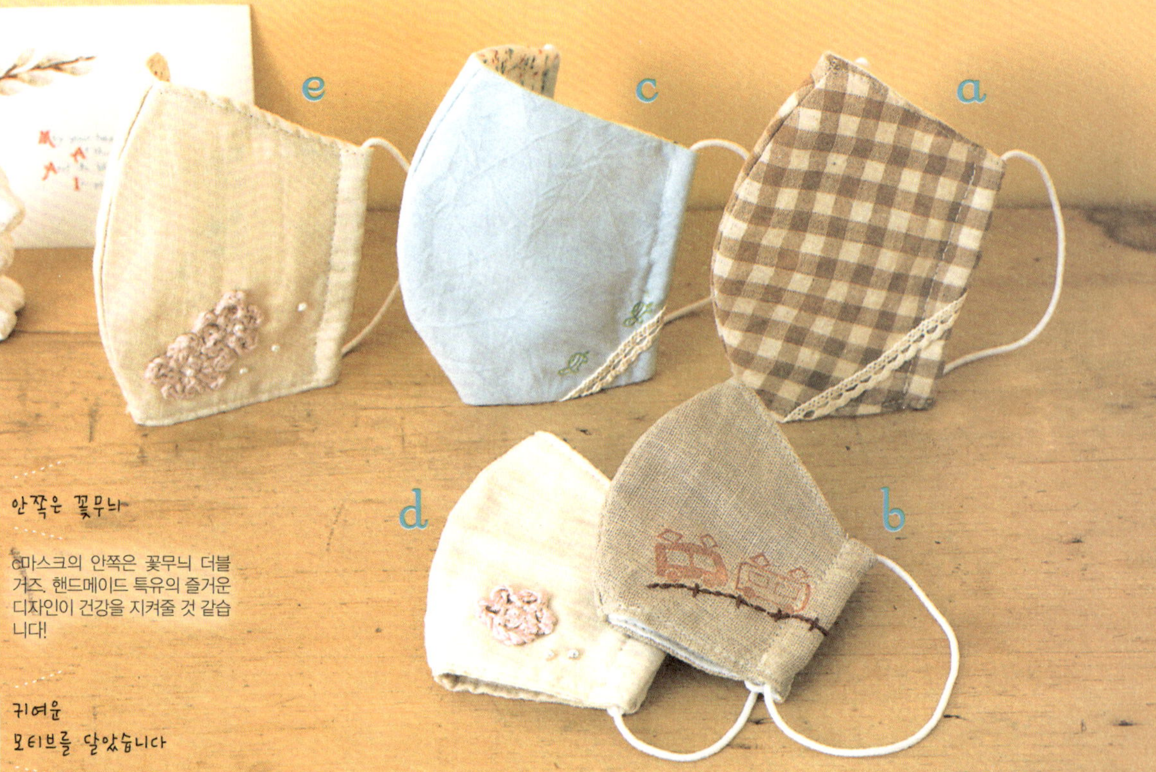

e c a d b

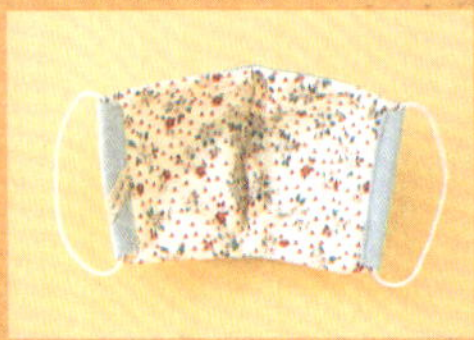

안쪽은 꽃무늬

c마스크의 안쪽은 꽃무늬 더블 거즈. 핸드메이드 특유의 즐거운 디자인이 건강을 지켜줄 것 같습니다!

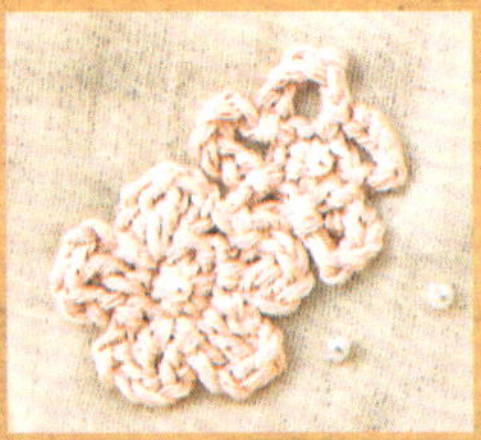

귀여운 모티브를 달았습니다

d · e는 꽃모티브와 비즈를 달아 나들이용으로 만들었습니다. 큰 땀으로 봉합하면 안쪽에서 실이 피부에 닿기 때문에 촘촘한 바늘땀으로 봉합해주세요.

입체 마스크

피트한 감이 있고, 장식도 즐길 수 있는 "입체 마스크". 패턴을 만들어두면 여러 개 변형해서 더 만들고 싶어질 것입니다. 색깔이 있는 타입을 처음 착용하는 사람은 피부에 익숙한 색부터 사용해 보세요.

(작품 제작 : 가와나가 현/riiche)

d · e의 꽃 뜨개 도안

뜨개 도안 기호

- ⬭ = 사슬뜨기
- ● = 빼뜨기
- × = 짧은뜨기
- ⊤ = 한길 긴뜨기

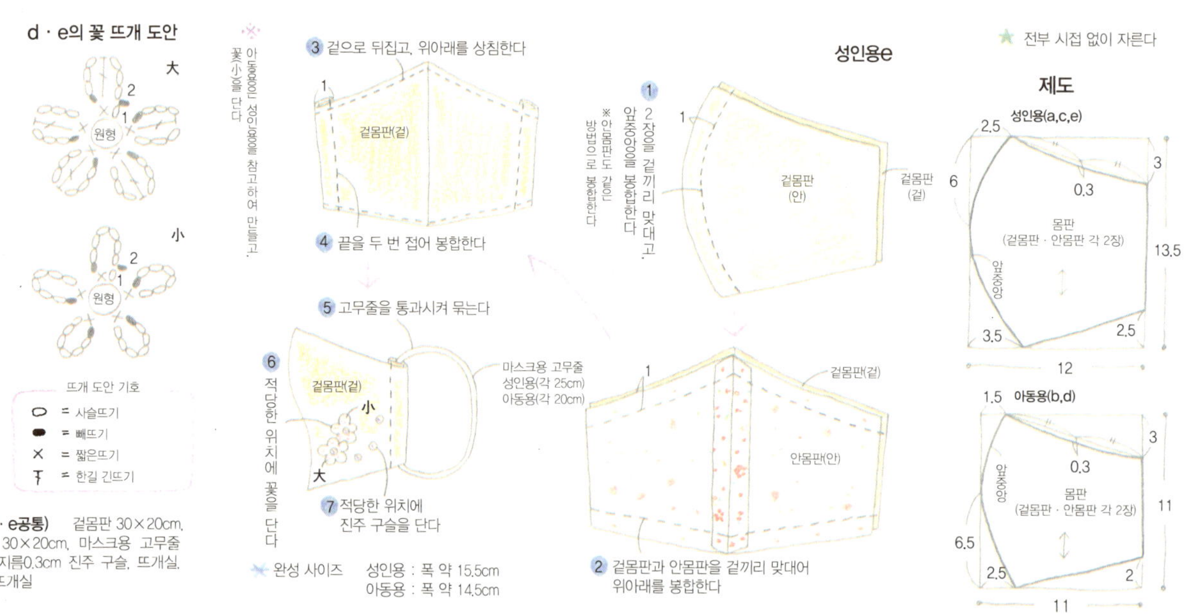

재료(d · e공통) 겉몸판 30×20cm, 안몸판 30×20cm, 마스크용 고무줄 55cm, 지름0.3cm 진주 구슬, 뜨개실, 8/0호 뜨개실

※ 아동용은 성인용을 참고하여 만들고, 꽃(小)을 단다.

성인용e

완성 사이즈 성인용 : 폭 약 15.5cm
아동용 : 폭 약 14.5cm

★ 전부 시접 없이 자른다

제도

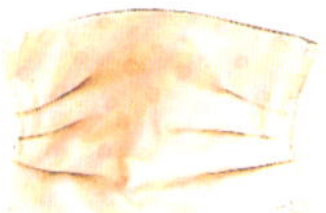

린넨 원단에 폭이 넓은 레이스를 겹쳐 스위트한 분위기를 연출했습니다. 안감은 오프화이트의 부드러운 코튼을 사용했습니다.

직선 박기로 OK!

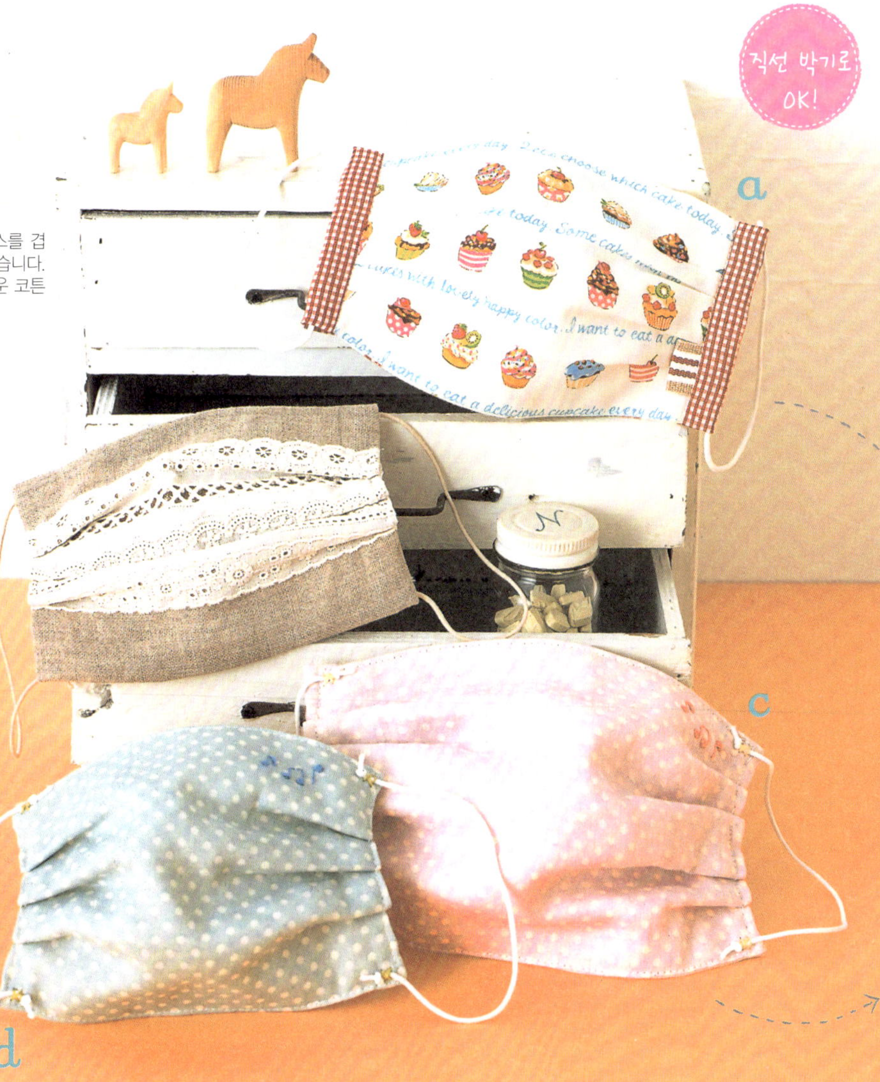

주름 마스크

"주름 마스크"는 좌우에 턱을 충분하게 잡았기 때문에 얼굴을 푹 가려줍니다. 주름을 벌리는 정도에 따라 마스크의 사이즈를 조절할 수 있어 편리합니다.

(작품 제작 : a = 후쿠오카 현/야마모토 나츠코, b~d = 치바 현/사카키바라 사치코)

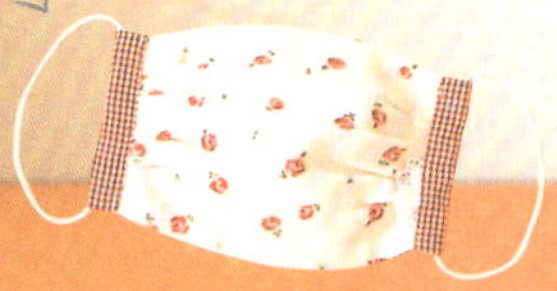

귀여운 컵케이크의 프린트 원단과 사랑스러운 꽃무늬를 양면으로 사용한 마스크. 고무줄 통로 천은 체크무늬 원단을 사용해 포인트를 주었습니다.

성인용과 아동용은 턱을 다르게 접어서!

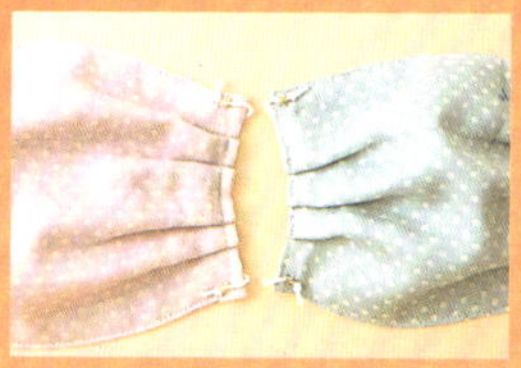

색이 다른 성인용과 아동용 마스크. 세로의 길이가 있는 성인용은 중앙을 높게 하여 입체감을 주고, 아동용은 계단 형태로 턱을 잡았습니다.

c · d타입 제도

★ 전부 시접 없이 자른다

※아동용은 성인용을 참고하여 만든다

✈ 완성 사이즈 성인용 : 폭 약 18cm
아동용 : 폭 약 14cm

재료(c · d 공통) 겉감 사방25cm, 안감 사방25cm, 마스크용 고무줄 45cm, 자수실

a타입 제도

재료(a) 겉몸판 사방20cm, 안몸판 사방20cm, 고무줄 통로 천 사방15cm, 1.8cm폭 테이프 5cm, 2.5cm폭 레이스 10 cm, 마스크용 고무줄 60cm

★ 전부 시접 없이 자른다

✈ 완성 사이즈 폭 약 17cm

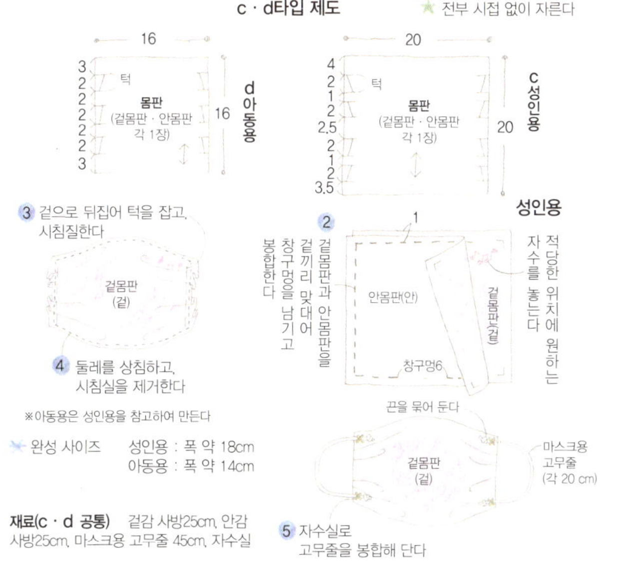

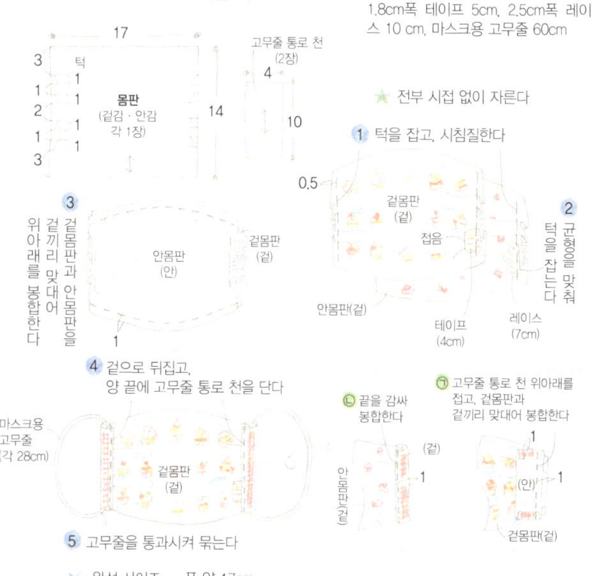

Basic

베이직한 모양이 오히려 신선한 프레임 파우치. 프레임 다는 방법은 생각보다 간단하기 때문에 한 번 기억해 두면 다양한 스타일로 응용할 수 있습니다.
(작품 제작 : 가와나가 현/스즈키 후쿠에)

완성 사이즈 : 가로9×세로7.5cm

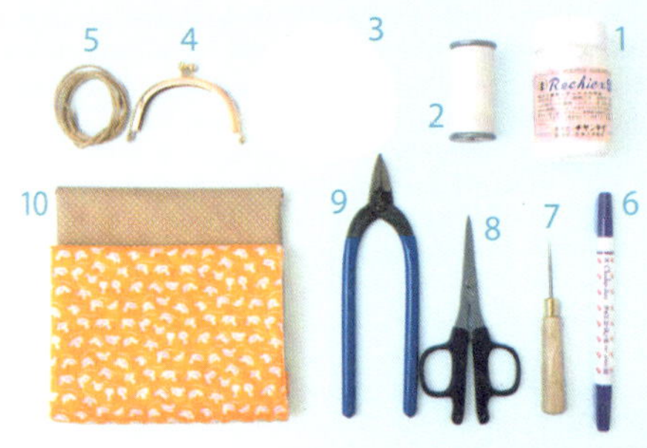

재료와 도구

1 수예용 본드(수성용) 2 봉제 실 3 패턴 4 프레임(폭7cm×높이5.5cm) 5 종이끈(프레임과 세트로 되어 있는 것도 있습니다) 6 펜초크 7 송곳 8 가위 9 펜치 10 겉감 25×15cm, 안감 25×15cm

Arrange

다양한 종류의 프레임에 맞춰 원단을 선택하는 일도 즐겁다! 입구에 주름을 잡아 풍성하게 완성했습니다.
(작품 제작 : 가와나가 현/스즈키 후쿠에)

완성 사이즈 : 약 가로14×세로10cm
프레임 : 폭10cm×높이6cm

1 플라스틱제의 프레임과 빨간 프린트 원단의 캐주얼한 콤비.
2 프레임의 홈이 깊을 때는 종이끈 2개를 겹쳐 넣으면 좋습니다(주름을 잡으면 도톰해지기 때문에 종이끈 불필요).

패턴을 베낀다

1

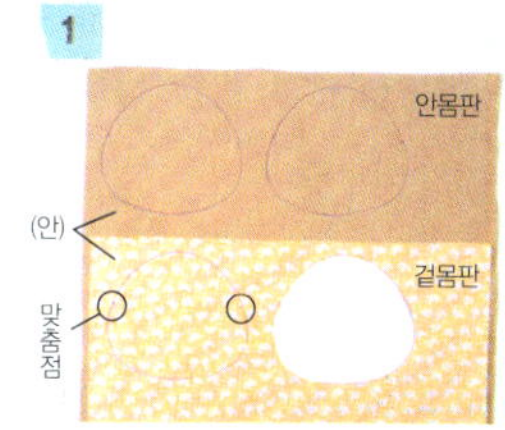

겉몸판과 안몸판의 안쪽에 펜초크로 패턴을 베낀다(각 2장). 트임 끝점의 맞춤점을 표시하는 것도 잊지마세요!

재단한다

2

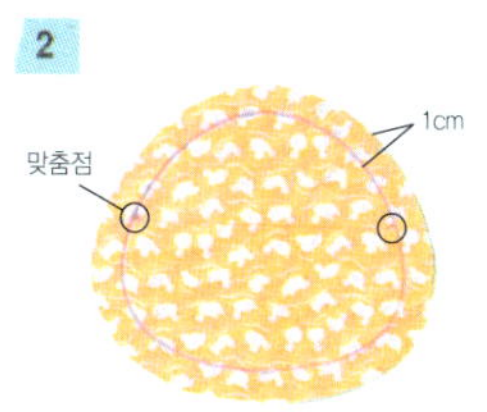

원단에 1cm의 시접을 주어 자른다.

몸판을 만든다

3

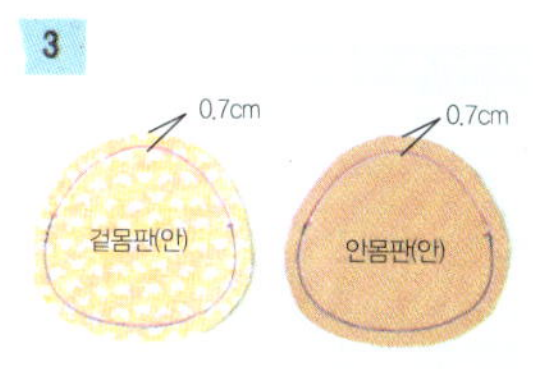

겉몸판과 안몸판의 각각 2장을 겉끼리 맞대고, 트임 끝점에서 트임 끝점까지 봉합한다. 시접은 0.7cm로 잘라 정리한다

4

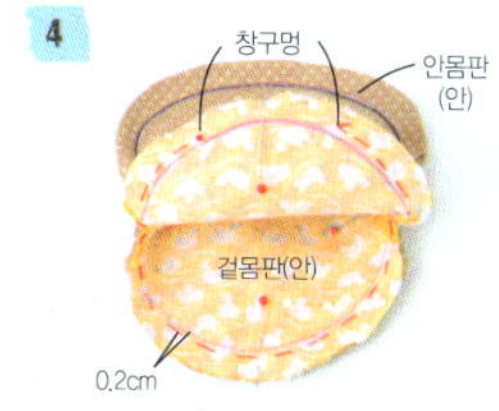

겉몸판(노란색)을 겉으로 뒤집는다. 안몸판(갈색)은 뒤집지 않고, 겉몸판과 겉끼리 맞닿게 겹쳐 시침핀을 꽂는다. 창구멍을 남기고 완성선에서 0.2cm바깥쪽에 시침질한다.

5

창구멍을 남기고 입구 부분을 봉합한다.

6

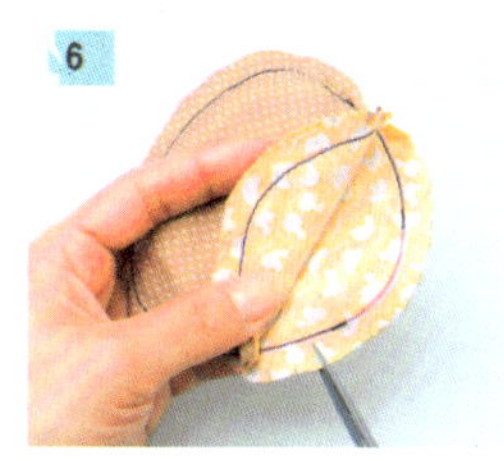

시침실을 제거하고, 시접에 가윗집을 준다(가윗집을 주면 뒤집었을 때 곡선이 예쁘게 나온다).

7

창구멍을 통해 겉으로 뒤집고, 창구멍을 공그르기한다. 다림질하여 모양을 정리하고, 입구 둘레를 한 바퀴 상침한다.

프레임을 단다

8

프레임에 끼우는 종이끈은 단단하게 꼬여 있는 것이 많기 때문에 먼저 꼬임을 가볍게 푼다.

9

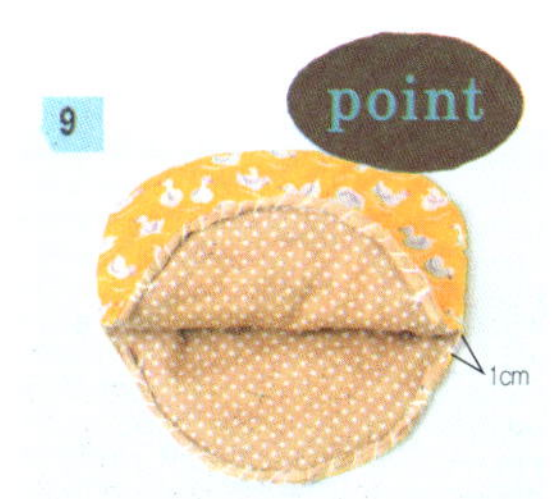
point

7의 안쪽 입구 둘레의 트임 끝점에서 1cm띄운 곳에 8의 종이끈을 감침질하여 임시고정 한다(이렇게 달아 두면 프레임을 끼우기 쉽다). 프레임은 종이끈이 달려 있는 부분까지만 끼운다.

10

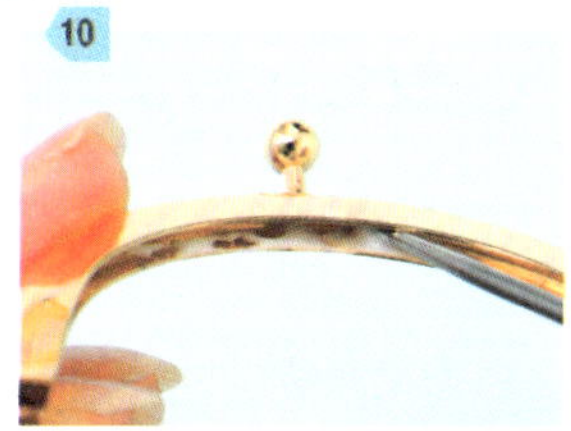

송곳의 끝에 본드를 묻혀 프레임의 홈에 바른다. 본드를 너무 많이 바르지 않도록 주의한다.

11

먼저 몸판의 중심과 프레임의 중심을 맞추고, 송곳의 끝을 이용해 프레임에 몸판을 끼운다. 그 다음에 왼쪽과 오른쪽의 몸판을 끼워 가면 원단이 깔끔하게 잘 들어간다.

12

중간 중간 바깥쪽에서도 체크해 가면서 송곳으로 몸판을 밀어 넣으면 원단이 예쁘게 들어간다.

point

13

몸판을 프레임에 넣고 난 후 안쪽의 프레임과 몸판 사이를 체크하고, 사이가 비어 있으면 종이끈을 한 개 더 넣는다.

14

안쪽 프레임의 홈에 본드를 얇게 바른다.

15

프레임의 끝에서부터 꼬임을 가볍게 푼 종이끈을 송곳으로 밀어 넣어 간다. 반대쪽도 같은 방법으로 종이끈을 넣는다. 프레임의 홈을 꽉 채우면 프레임이 고정된다.

16

끝 부분 등에 남은 본드가 나오면 송곳 끝으로 조심히 제거한다.

17

프레임이 빠지지 않도록 옆을 펜치로 가볍게 누른다. 이때 프레임에 흠집이 나지 않도록 덧대는 천을 대고 누른다.

18

마무리되면 안쪽에 손을 넣어 옆을 벌리고 모양을 정리한다. 바깥쪽은 옆을 안쪽으로 접어 넣듯이 잡아 정리한다.

19

프레임 파우치 완성. 마지막에 작은 단추나 참을 더해 멋스러움을 더해 보세요!

작은 꽃무늬 파우치

콤팩트한 프레임 파우치는 잔돈이나 비상약 등을 넣기에 좋습니다. 기본 프레임이라도 원단을 바꾸면 멋스럽게 만들 수 있습니다. 바닥을 대각선으로 패치한 디자인도 직선 박기만으로 완성할 수 있습니다!

(작품 제작 : 이바라키 현/타케다 에리)

1 앞뒤에 다른 꽃무늬 원단을 사용해서 화려하게. 밑모서리는 체크무늬 원단과 폭이 굵은 레이스를 더해도 멋스럽습니다. 2 안감에 좋아하는 꽃무늬의 원단을 사용하면 열 때마다 즐겁습니다.

도장 케이스

라미네이트 원단은 바늘이 통과하기 어렵기 때문에 손바느질을 하는 경우에는 꼭 한 땀씩 되돌아박기를 해가면서 봉합합니다.

원단이나 프레임을 바꿔 디자인을 다양하게

응용 프레임 파우치

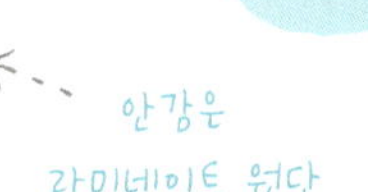

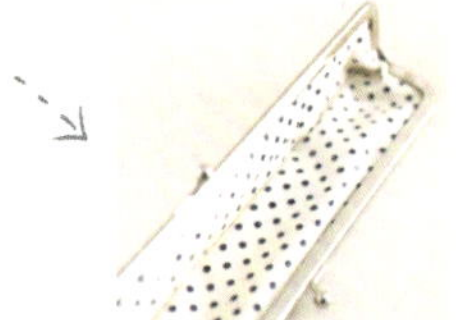

라미네이트 원단은 당김이 있는 소재이기 때문에 케이스가 더 튼튼해지는 효과도 있습니다.

작은 프레임과 자투리 천으로 만드는 도장 케이스는 빠르게 만들 수 있는 유용한 소품! 안쪽에는 라미네이트 원단을 사용하고 겉감 중앙의 피스는 꽃이 포인트가 되도록 원단을 잘랐습니다.

(작품 제작 : 치바 현/후지키 노리코)

우아한 프레임 파우치

턱과 주름을 충분히 잡은 우아한 인상의 프레임 파우치. 무광의 레트로한 프레임에 시크한 원단을 매치했습니다. 풍성하게 주름을 잡아 수납력도 뛰어나고, 사용하기에도 편리한 아이템입니다.

(작품 제작 : 아이치 현/아카시 아사코)

젓가락 케이스

긴 프레임을 이용한 젓가락 케이스도 짧은 시간에 만들 수 있는 간단한 아이템. 밑모서리가 없는 슬림한 실루엣이기 때문에 가방에 넣어도 자리를 차지하지 않습니다. 안쪽은 더러워져도 쉽게 닦을 수 있는 라미네이트 원단을 사용했습니다.

(작품 제작 : 치바 현/ 후지키 노리코)

1 시크한 겉감과 달리 프레임을 열면 안에는 귀여운 꽃무늬가 보입니다. 프레임 파우치는 안감에도 센스를 발휘해 주세요. 2 바닥은 배색천으로 완성하여 통일감을 주었습니다. 주름을 잡아 풍성하게 만들어 보세요.

작은 꽃무늬 파우치

패턴 B

재료 겉앞판 10×15cm, 겉뒤판 10×15cm, 밑모서리 20×15cm, 안몸판 15×25cm, 두꺼운 접착심 15×25cm, 2.5cm폭 레이스 15cm, 1cm지름 단추 2개, 7.5cm폭 프레임 1개, 종이끈

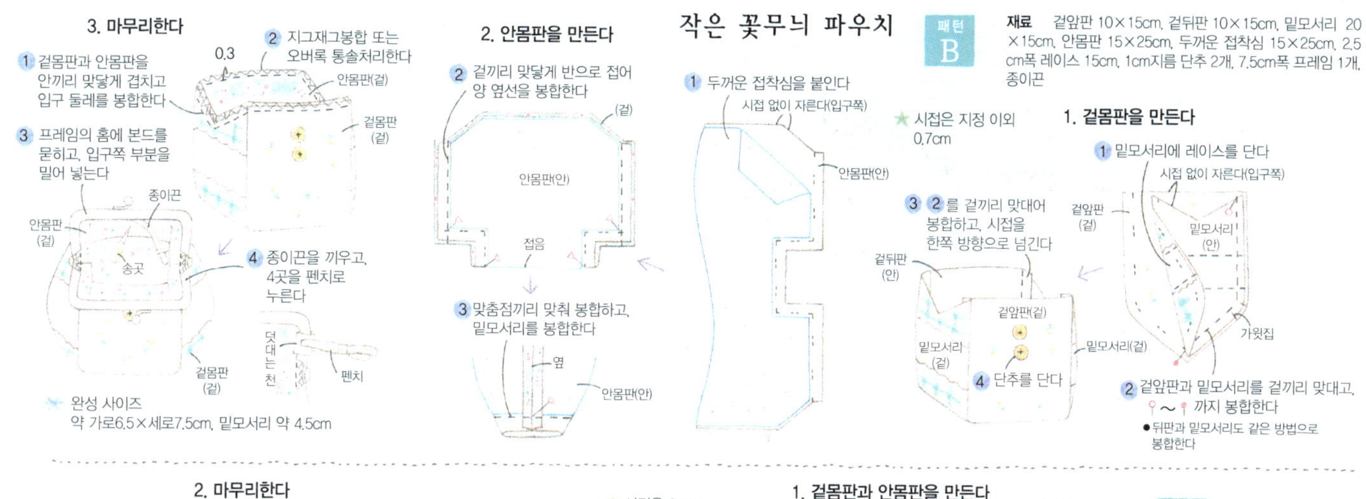

도장 케이스

패턴 B

재료 겉몸판 3종 각 사방10cm, 안몸판용 라미네이트 원단 사방15cm, 1cm폭 레이스 15cm, 0.7cm폭 레이스 15cm, 폭8.5cm×높이3cm 프레임, 종이끈, 인주 참

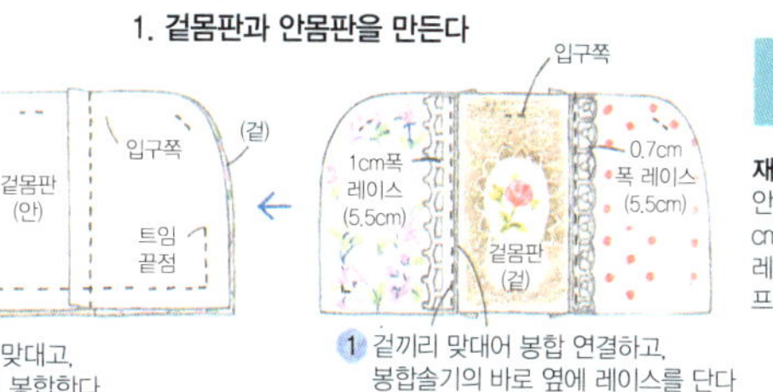

젓가락 케이스

패턴 B

재료 겉몸판 5종 각 15×10cm, 안몸판용 라미네이트원단 30×15cm, 접착심 30×15cm, 0.7cm폭 레이스 15cm, 단추 1개, 폭24.5cm×높이3cm 프레임, 종이끈

우아한 프레임 파우치

패턴 B

재료 겉몸판a 40×15cm, 겉몸판b·겉바닥판 30×15cm, 안몸판 50×15cm, 1.2cm폭 레이스 25cm, 접착심 45×15cm, 10cm폭 프레임, 종이끈, 자수실

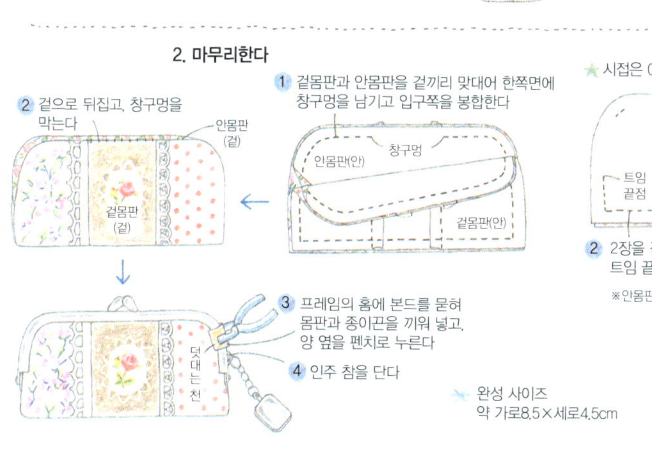

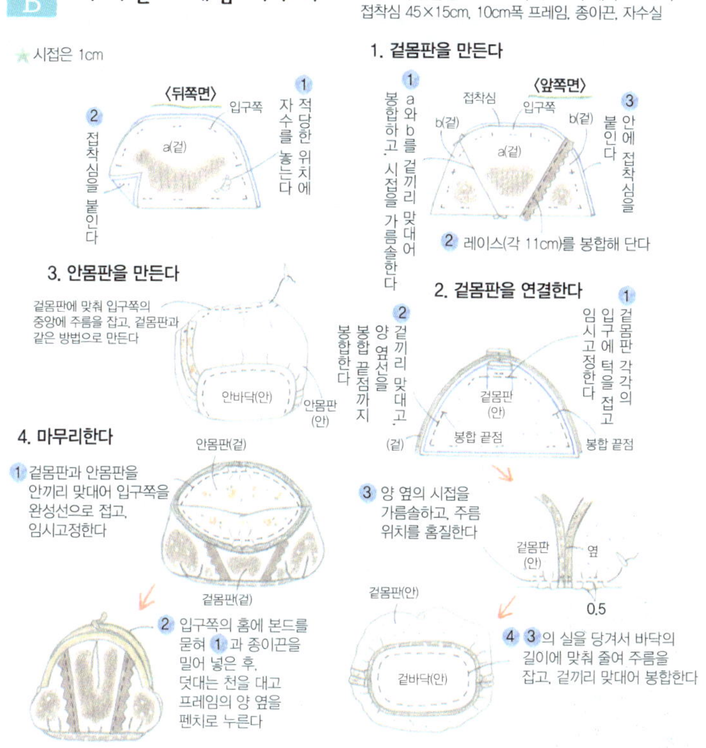

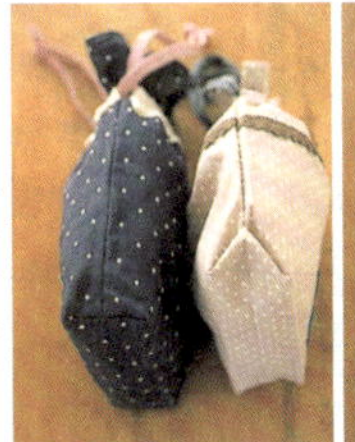
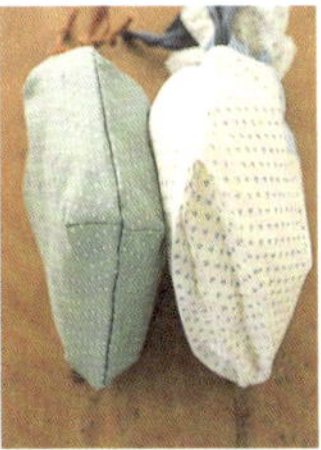

티슈케이스 부분의 안쪽은 포켓으로 되어 있습니다. 손수건이나 반창고 등 작은 물건을 수납해보세요.

작은 꽃무늬 에티켓 파우치

매일 들고 다니고 싶은 에티켓 파우치는 직선 박기로 간단하게 만들 수 있습니다! 페미닌한 꽃무늬 원단과 사랑스러운 대폭 레이스에 가죽 테이프을 더한 조합이 세련돼 보입니다.

(작품 제작 : 후쿠오카 현/나카무라 카나)

밑모서리를 다양하게!

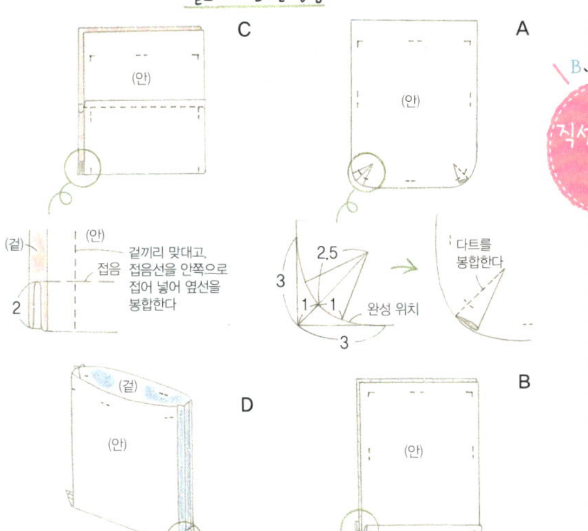

A는 몸판의 바닥쪽에 다트를 넣어 풍성하게 한 것. B는 몸판의 바닥을 바깥쪽으로 접은 것. C는 몸판의 바닥 중심을 병풍접기하여 봉합한 것. D는 안쪽 바닥을 삼각으로 접어 봉합한 가장 일반적인 밑모서리 모양입니다.

밑모서리 만드는 방법

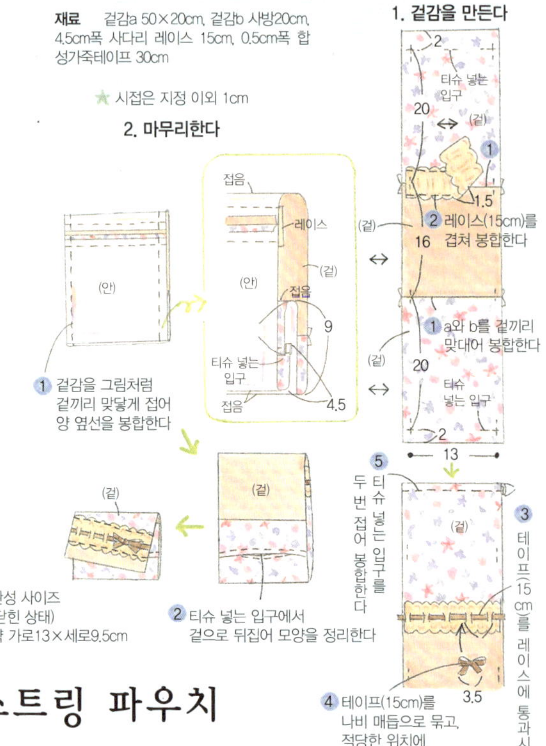

다양한 스트링 파우치

스트링 파우치의 여미는 방법은 하나지만, 디자인은 다양합니다. 원단의 무늬나 색에 따라, 또는 밑모서리와 끈 통로 만드는 방법에 따라 여러 가지 모양으로 변형할 수 있습니다. 여기에서는 간단하게 만들 수 있는 귀여운 4종류의 스트링 파우치를 소개합니다!

(작품 제작 : 가와나가 현/ 아라키 유키)

캐러멜 모양 파우치

메이크업 도구를 넣을 수 있는 넉넉한 크기의 파우치. 어려워 보이지만 지퍼를 달고 주름을 접어 원단 끝을 봉합하기만 하면 완성됩니다. 원단 끝에 고리천을 달아두면 지퍼를 열고 닫기도 편리합니다.

(작품 제작 : 사이타마 현/카메 토시코)

(上)합성가죽으로 만든 몸판에 작은 레이스를 포인트로.
(下)겉감을 패치워크하면 화려함이 업!

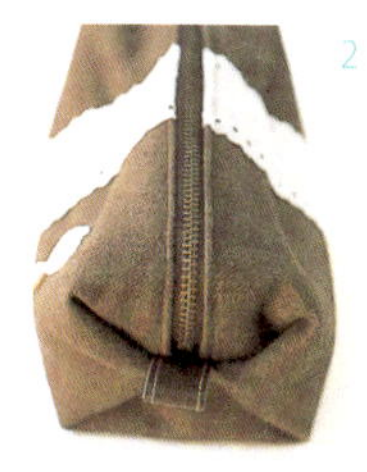
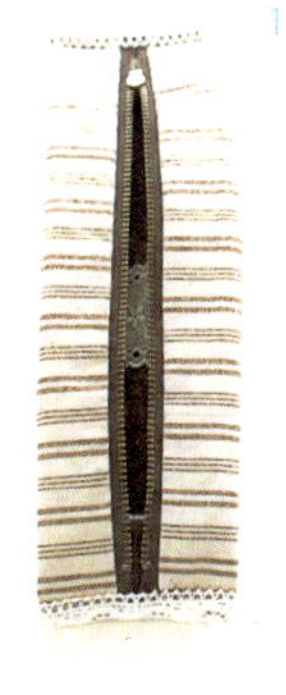

1 안쪽면의 시접 처리는 레이스로 가려 깔끔하고 멋스럽게. 2 겉으로 뒤집으면 양 옆이 예쁜 캐러멜 모양이 됩니다.

재료 겉몸판 25×30cm, 안몸판 25×35cm, 접착 퀼팅솜 25×35cm, 4cm폭 레이스 35cm, 2cm폭 레이스 25cm, 2cm폭 가죽테이프 15cm, 모티브 레이스 1장, 비즈 1개, 20cm지퍼 1개

★ 시접은 1cm

5 4 와 마찬가지로 반대쪽에도 지퍼를 봉합해 단다

6 안몸판은 겉몸판과 같은 치수로 재단하고, 입구쪽의 시접을 접은 후 겉몸판과 맞닿게 맞춘 후 지퍼를 공그르기해 단다

7 그림처럼 고리천을 접어 끼우고, 임시고정한다

10 겉으로 뒤집어 모양을 정리한다

4 입구쪽의 시접을 접고, 지퍼를 봉합해 단다

3 모티브 레이스를 단다

2 4cm폭 레이스를 봉합해 단다

9 2cm폭 레이스로 시접을 감싸 공그르기한다

지퍼는 열어 둔다

8 양 옆선을 봉합한다

★ 완성 사이즈 약 가로14.5×세로6cm, 밑모서리 폭 약 8cm

B·D는 몸판을 완성한 후, 배색천이나 레이스를 겉에서 봉합하여 꼰 통로를 만듭니다. 꼰 통로 천은 작품의 포인트가 됩니다.

꼰 통로 천 만드는 방법

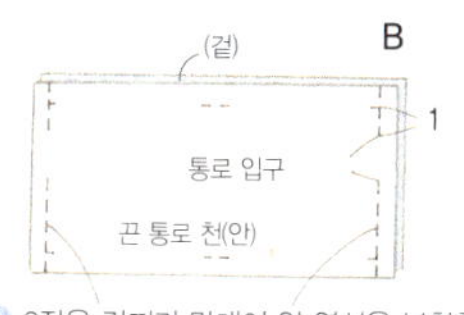

5 꼰 통로 천을 몸판에 겹쳐 4줄 상침한다

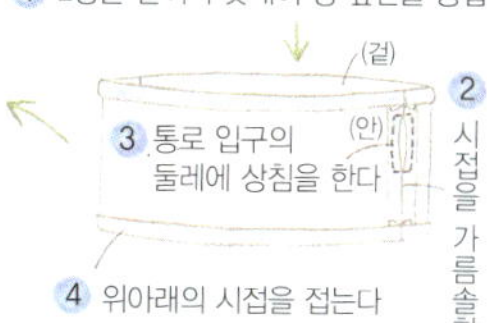

1 2장을 겉끼리 맞대어 양 옆선을 봉합한다

2 레이스를 몸판에 겹쳐 2줄 상침한다
(반대쪽도 같은 방법으로 봉합한다)

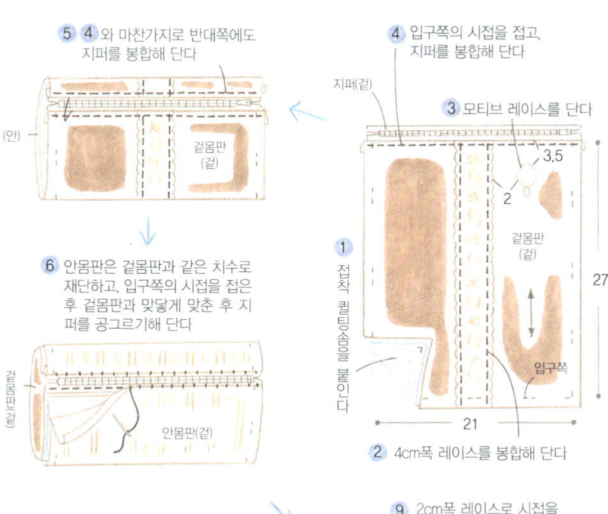

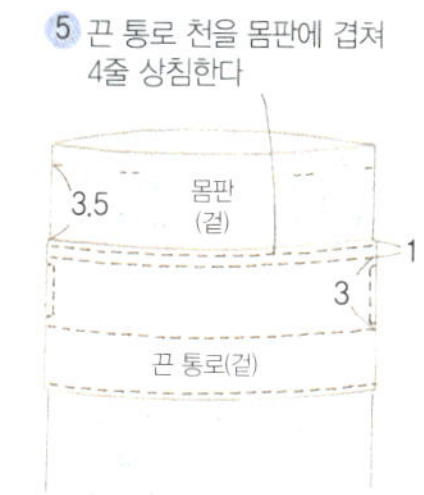

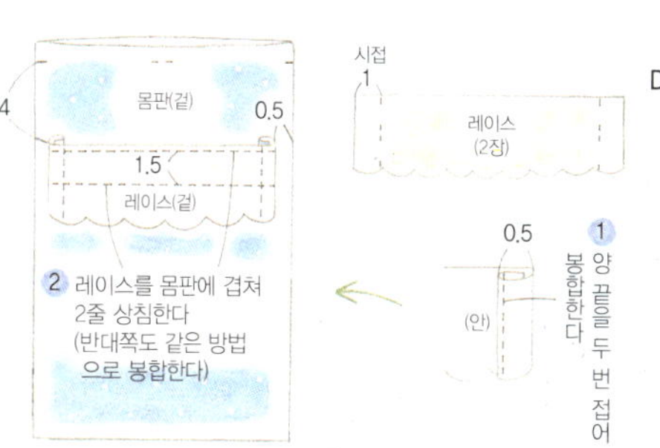

PART 3

작은 패치워크가 귀여운 소품

패치워크의 테크닉과 규칙은 잘 몰라도
좋아하는 자투리 천을 서로 어울리게 배치하는 즐거움을 느껴보세요.
매일 틈이 나는 시간에 봉합하여 만들 수 있는 간단한 패치워크 소품을 소개합니다!

작은 자투리 천이라도

여러 장 연결하면

또 다른 신선한 느낌으로.

그것이 패치워크의 매력!

재봉틀 불필요

열쇠 커버

마음에 드는 컬러풀한 원단을 여러 개 겹쳐 봉합한 열쇠 커버. 가늘고 긴 자투리 천을 연결하여 끈까지 직접 만들었습니다. 활기 넘치는 색을 사용하여 만들었기 때문에 가방 안에서도 확 눈에 들어오고, 아이들도 좋아합니다.
(작품 제작 : 아이치 현/와나이 히토미)

패턴 A

재료(1개 분) 앞판 사방10cm, 뒤판 사방10cm, 아플리케 원단. 끈 원단 7종 각 5×15cm, 1cm폭 레이스 10cm, 지름2cm 열쇠 링 1개. 지름1cm 싸개단추 1개, 레이스, 라인스톤

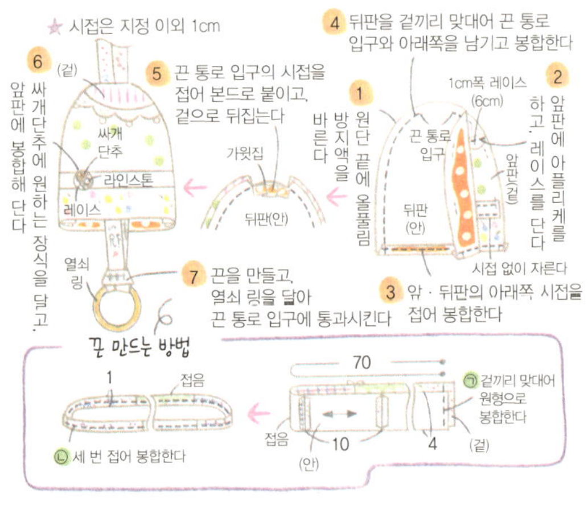

✽ 완성 사이즈 약 가로 6×세로7cm

얕은 트레이에 사이즈 별로!

20cm, 10cm, 5cm이하의 자투리 천을 사이즈별로 구분해 두면 원하는 사이즈의 자투리 천을 간단하게 찾을 수 있습니다. 트레이는 높이가 낮기 때문에 겹쳐 놓아도 자리를 차지하지 않습니다.
(작품 제작 : 야마구치 현/이시마루 마유미)

링 바인더라면 수납을 늘릴 수 있다!

A4사이즈의 포켓파일에 무늬와 사이즈별로 견출지를 붙여 구분해서 수납. 시트를 늘릴 수 있고, 자투리 천도 깔끔하게 정리됩니다.
(작품 제작 : 아이치 현/와나이 히토미)

알려줘!

유용한 자투리 천 수납법

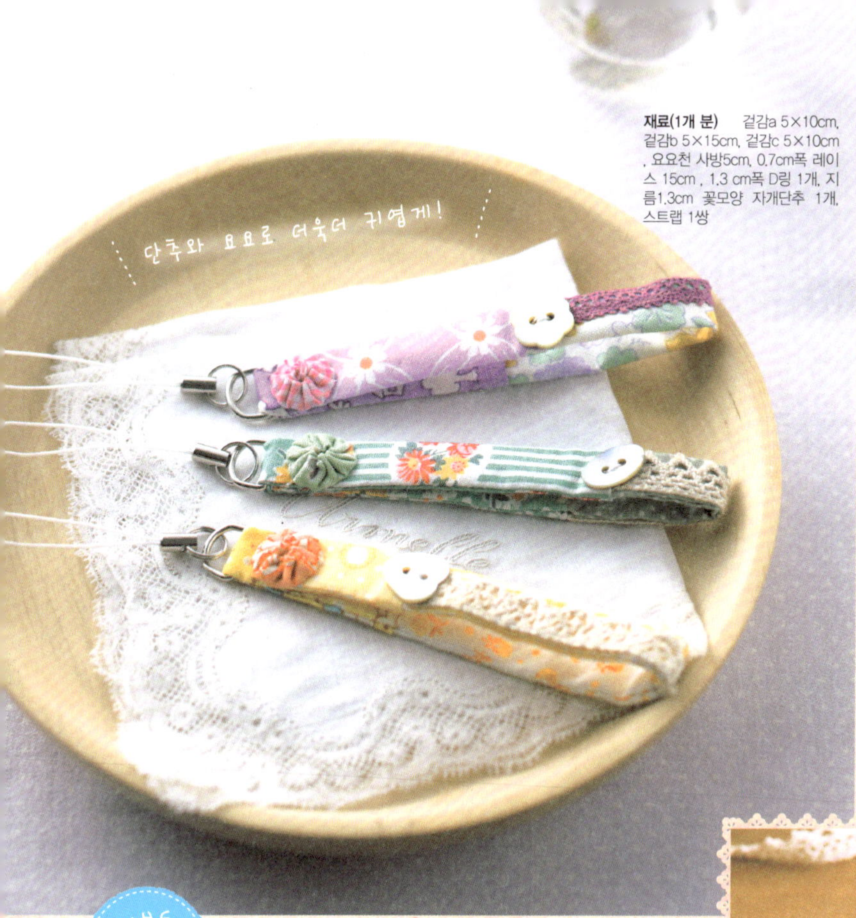
단추와 요요로 더욱더 귀엽게!

재료(1개 분) 겉감a 5×10cm, 겉감b 5×15cm, 겉감c 5×10cm, 요요천 사방5cm, 0.7cm폭 레이스 15cm, 1.3 cm폭 D링 1개, 지름1.3cm 꽃모양 자개단추 1개, 스트랩 1쌍

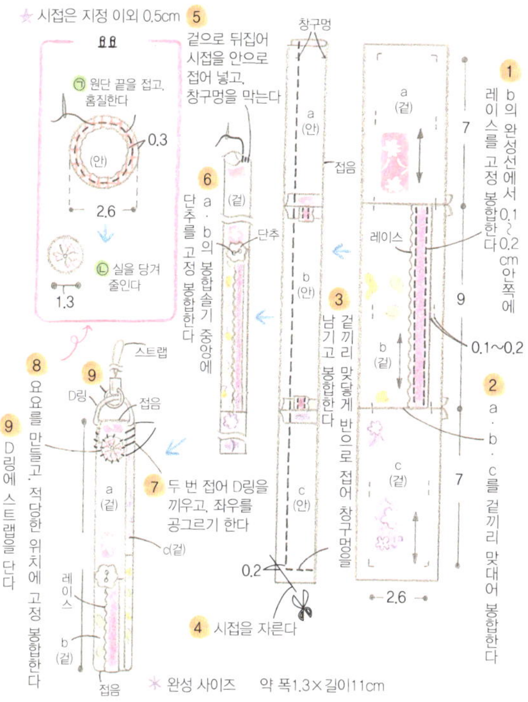

시접은 지정 이외 0.5cm
1 b의 완성선에서 0.1~0.2cm 안쪽에 레이스를 고정 봉합한다
2 a·b·c를 겉끼리 맞대어 봉합한다
3 겉끼리 맞닿게 반으로 접어 창구멍을 남기고 봉합한다
4 시접을 자른다
5 겉으로 뒤집어 시접을 안으로 접어 넣고, 창구멍을 막는다
6 a·b의 봉합솔기 중앙에 단추를 고정 봉합한다
7 두 번 접어 D링을 끼우고, 좌우를 공그르기 한다
8 요요를 만들고, 적당한 위치에 고정 봉합한다
9 D링에 스트랩을 단다
요요
㉠ 원단 끝을 접고, 홈질한다
㉡ 실을 당겨 줄인다
0.3
2.6
1.3
(안)
a (겉)
b (겉)
c (겉)
a (안)
b (안)
c (안)
레이스
창구멍
접음
단추
스트랩
D링
7
9
0.1~0.2
0.2
완성 사이즈 약 폭1.3×길이11cm

재봉틀 불필요

컬러풀 스트랩

남은 자투리 천을 연결하여 직선 박기만으로 간단하게 만들 수 있는 스트랩입니다. 자개 단추와 레이스, 미니 요요 등의 참이 파스텔풍의 산뜻한 원단과 잘 어울립니다!

(작품 제작 : 군마 현/아라오카 에미코)

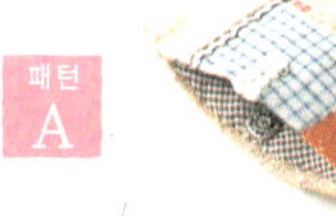

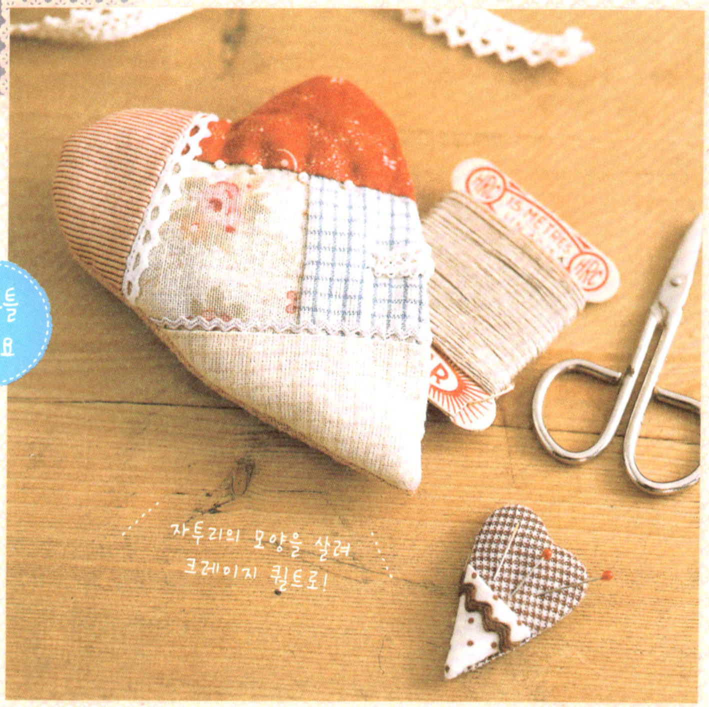
자투리의 모양을 살려 크레이지 퀼트로!

재봉틀 불필요

패턴 A

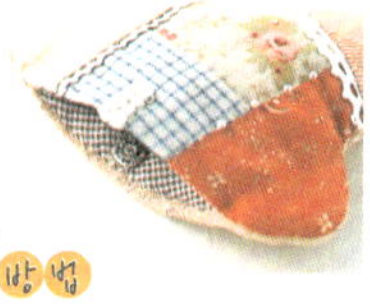

하트 미니 소잉 케이스

부피가 크지 않은 손바닥만한 사이즈의 소잉 케이스. 삼각과 사각 등 남은 자투리 천을 다양한 모양으로 봉합해 연결하면 사랑스러운 하트가 완성됩니다.

(작품 제작 : 사이타마 현/아카오 키요에)

만드는 방법

1 패치워크 후에 퀼팅솜을 겹쳐 퀼팅한 겉앞판과 퀼팅솜을 겹친 겉뒤판을 겉끼리 맞대어 입구를 남기고 둘레를 봉합하여 겉으로 뒤집는다. 2 안감 2장을 겉끼리 맞대어 입구를 남기고 둘레를 봉합한 후 1의 안으로 넣어 입구를 공그르기한다. 3 안쪽에 스냅 단추를 달고, 원하는 장식을 단다. 완성 사이즈 : 전체 길이 약 12cm

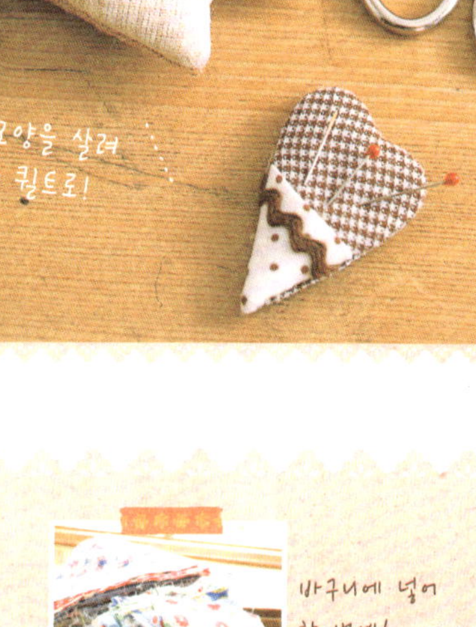

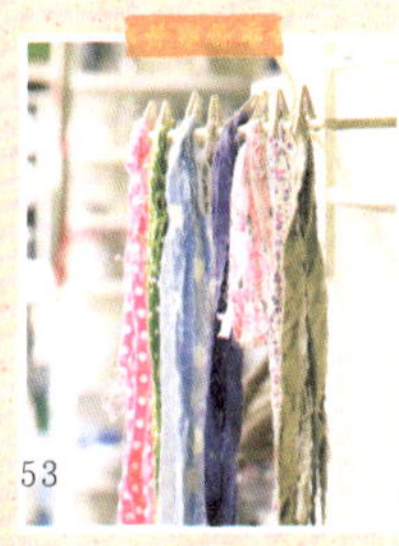

가늘고 긴 자투리 천은 빨아서 말리면서 수납합니다.

가늘고 긴 자투리 천을 올이 풀릴 정도로 비벼 빨고 말려서 코르사주로 사용합니다.

(작품 제작 : 도쿄 부/료게 가츠고)

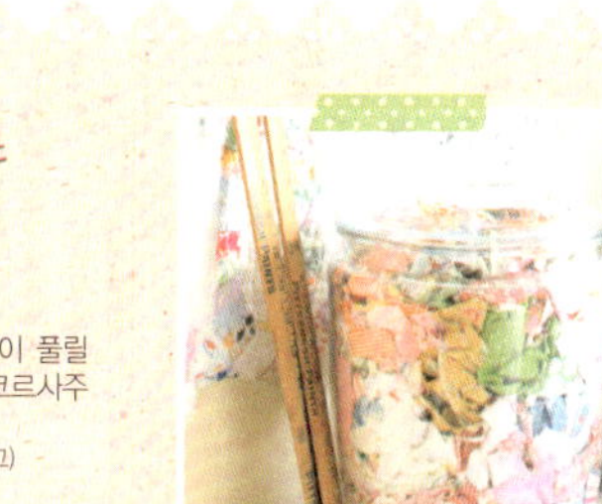

유리병에 넣어 두면 인테리어 소품으로.

톤을 맞춘 자투리 천이라면 병에 넣어 인테리어 소품으로 장식해도 좋습니다. 바라보고 있으면 컬러 매칭 힌트가 번뜩 떠오를 수도 있습니다.

(작품 제작 : 가와나가 현/키우루 이유미)

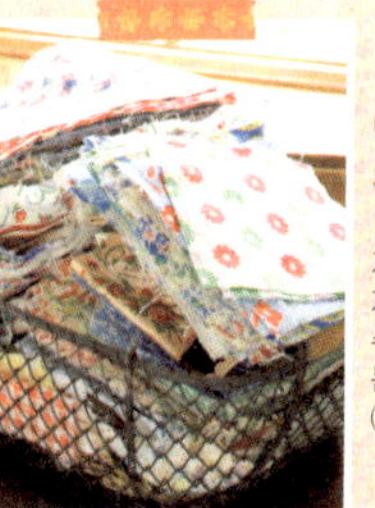

바구니에 넣어 한 번에!

자주 사용하게 되는 자투리 천, 봉제실, 자수실 등은 대충 구분해서 수납합니다. 한꺼번에 보관하기 때문에 정리도 빠르게 됩니다.

(작품 제작 : 야마나시 현/요네야마 키미에)

크고 작은 여러 가지

자투리 천을 패치워크할 때는

배색을 좀 더 고민해보세요.

휴대폰 케이스

가방 손잡이에 달아 잃어버리지 않도록 만든 휴대폰 케이스. 크기가 작기 때문에 금방 완성할 수 있습니다. 고슴도치 와펜으로 귀여움을 더해보세요.
(작품 제작 : 효고 현/마츠오카 노부코)

내추럴 티슈 케이스

패치워크는 양복의 코디네이트와 비슷합니다. 천의 배색이 어려우면 베이직한 색을 주로 사용해보세요. 이 작품도 베이직한 색에 꽃무늬와 도트무늬로 포인트를 주어 내추럴하게 완성했습니다.
(작품 제작 : 홋카이도/나카가와 차호)

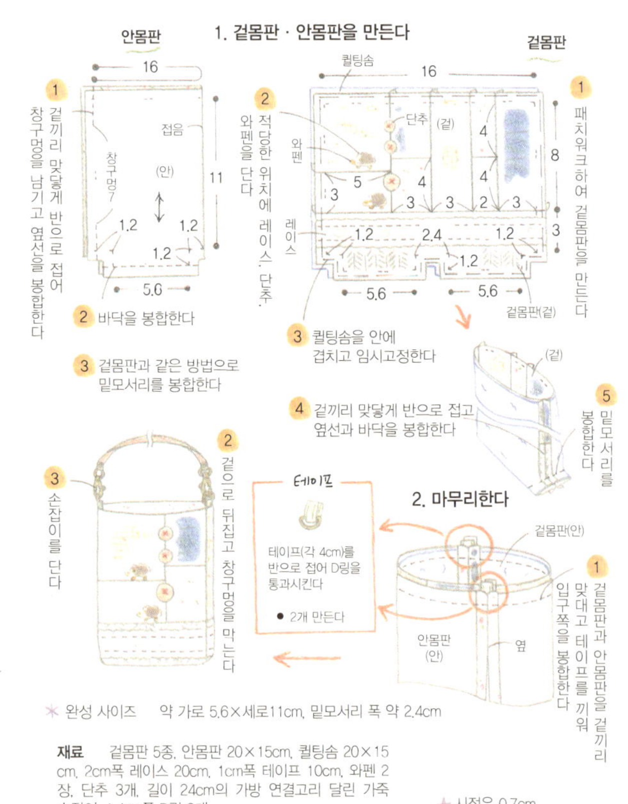

✽ 완성 사이즈　약 가로 5.6×세로11cm, 밑모서리 폭 약 2.4cm

재료　겉몸판 5종, 안몸판 20×15cm, 퀼팅솜 20×15cm, 2cm폭 레이스 20cm, 1cm폭 테이프 10cm, 와펜 2장, 단추 3개, 길이 24cm의 가방 연결고리 달린 가죽 손잡이, 1.4cm폭 D링 2개

★ 시접은 0.7cm

버섯 펜 케이스

빨간 버섯 아플리케가 이 작품의 포인트. 꽃무늬 안에서 고른 한 가지 색으로 버섯 아플리케를 만들었기 때문에 잘 어울립니다. 무지의 몸판에는 장식스티치만 넣어 덮개의 귀여움을 강조했습니다.
(작품 제작 : 나라 현/차탄 아츠코)

재료 패치워크 천. 겉몸판a 15×35cm, 안몸판 15×45cm, 아플리케용 펠트, 접착 퀼팅솜 15×45cm, 접착심, 지름1.5cm 자석단추 1쌍 . 자수실 **패턴 A**

1. 겉몸판과 안몸판을 만든다

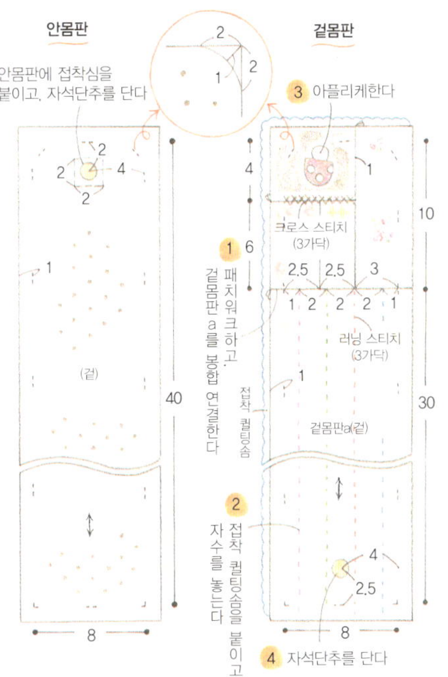

2. 마무리한다

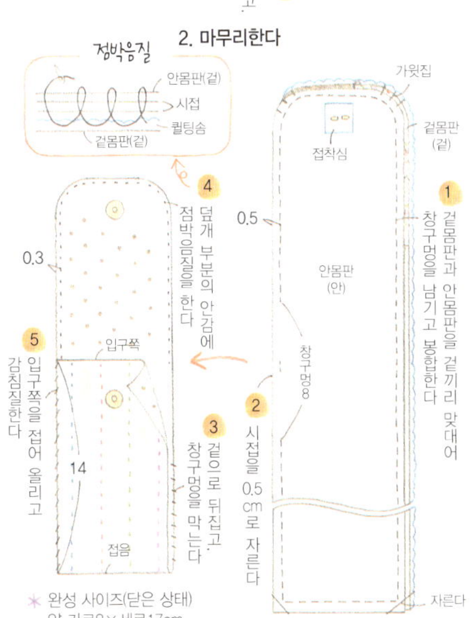

재료 주머니A 25×20cm, 주머니B 30×20cm, 안몸판 30×20cm, 패치워크 천 4종, 0.7cm폭 블레이드 15cm, 1.3cm폭 레이스 20cm, 0.4cm폭 린넨 끈 25cm, 1cm폭 이니셜테이프 5cm, 지름1.8cm 꽃모양 단추 1개 **패턴 A**

★ 시접은 1cm

1. 겉몸판을 만든다

2. 안몸판을 만든다

3. 마무리한다

2. 몸판을 만든다

6 겉으로 뒤집고, 창구멍을 막는다

✳ 완성 사이즈
약 가로12×세로12cm,
밑모서리 폭 약 4cm

재료 겉몸판용 패치워크 천, 안몸판 20×35cm, 접착심 20×30cm, 1.5cm폭 접착테이프 심지 20cm, 1cm폭 가죽테이프 50cm, 가죽 라벨 1장, 12cm폭 바네, 레이스

★ 시접은 1cm

1. 겉몸판을 만든다

3. 마무리한다

틈나는 시간에 조금씩 연결하여 만든
패치워크 원단은 어떤 원단보다
매력적입니다.
실루엣이 간단한 소품에 잘 어울립니다!

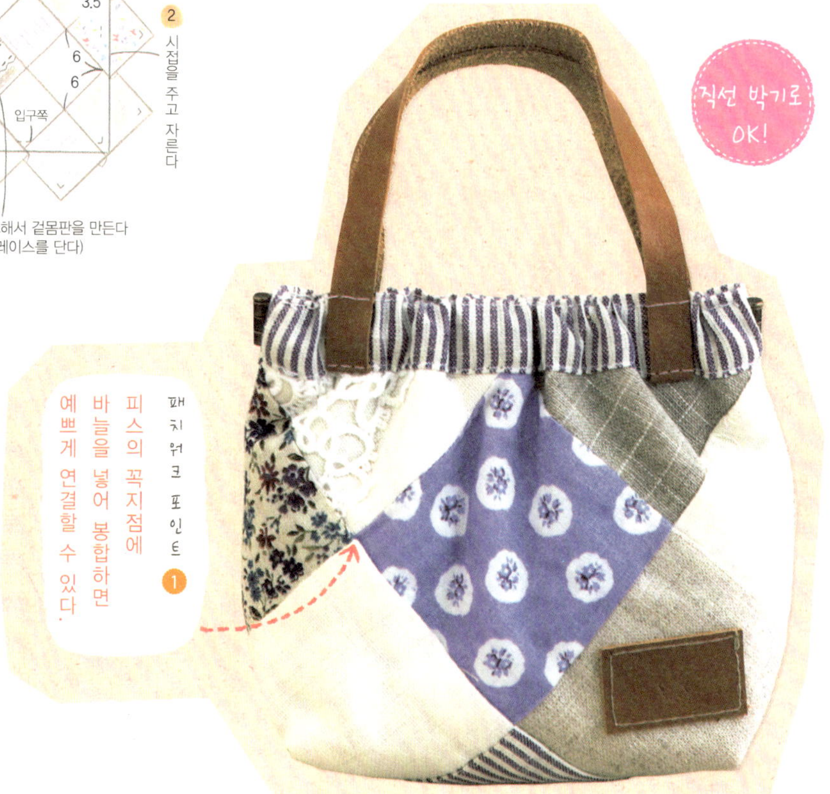

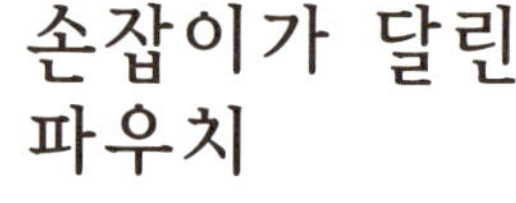

손잡이가 달린 파우치

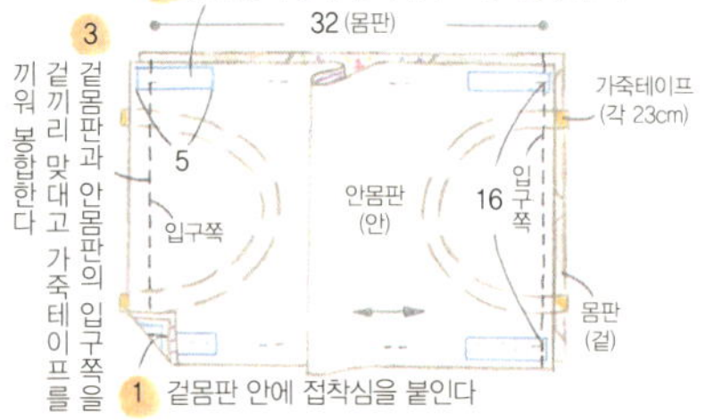

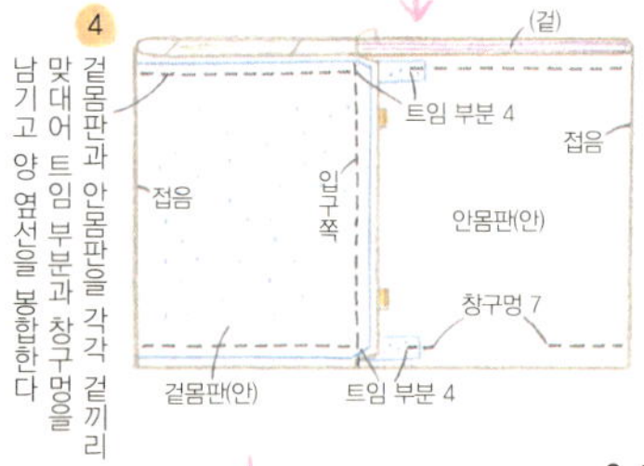

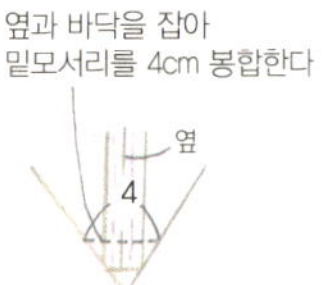

큰 사각 패치를 비스듬하게 배치하면 세련된 분위기를 풍깁니다. 피스의 모서리에 바늘을 넣어 봉합하면 모서리가 어긋나거나, 구멍이 날 걱정이 없습니다. 바네는 통로 입구에 끼워 넣기만 하면 되기 때문에 다루기가 편합니다.

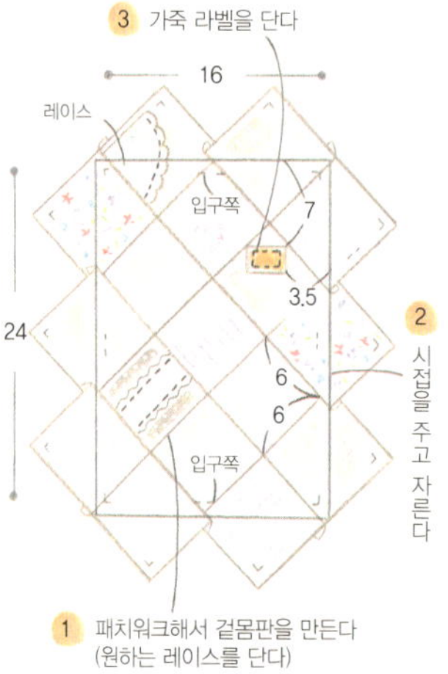

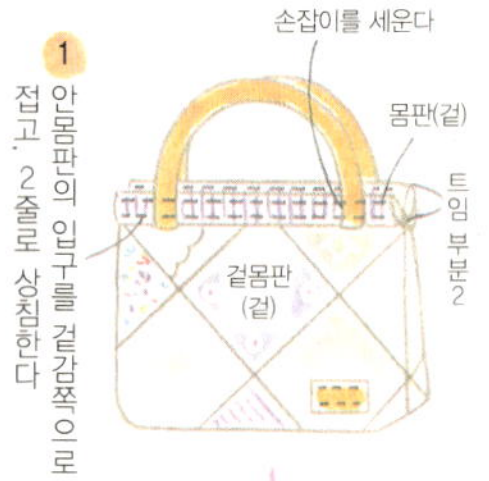

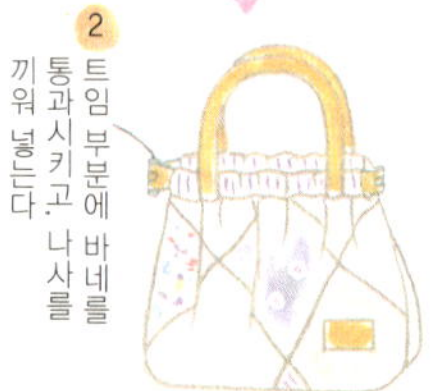

(작품 제작 : 아이치 현/아카시 아사코)

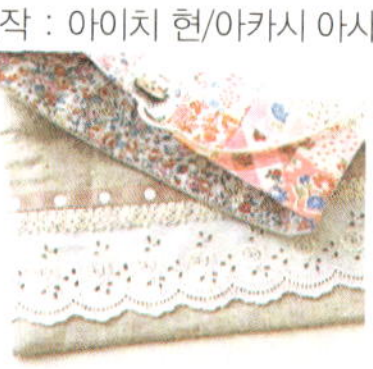

피드색의 사각패치에 잘 어울리는 대폭 레이스. 안감도 꽃무늬를 골라 구석구석까지 스위트하게 연출했습니다.

직선 박기로 OK!

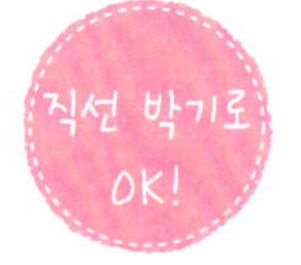

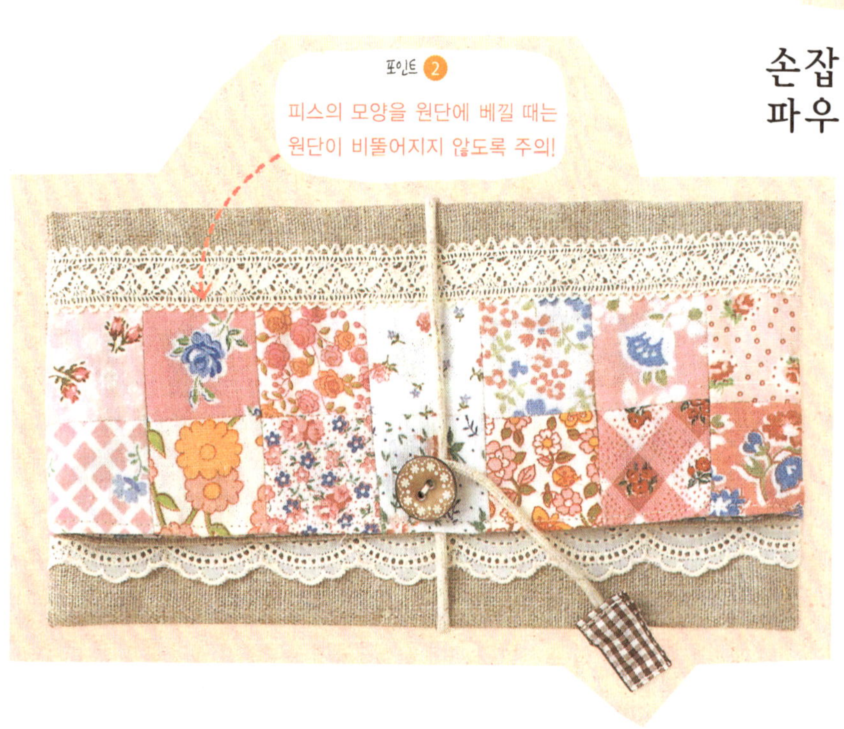

접어 사용하는 돈 봉투

사방5cm의 피스를 연결하여 밑모서리 없는 주머니를 만들었습니다. 일반적인 돈 봉투는 종이로 만들지만, 오랫동안 소중하게 사용하고 싶어서 원단으로 제작했습니다.

(작품 제작 : 시가 현/츠카고 준코)

메모장 커버

색이나 무늬를 어떻게 배치할까 고민하는 것도 패치워크의 즐거움입니다. 산뜻한 그린과 함께 고른 것은 핑크와 퍼플. 어려울 것 같은 컬러 매칭도 작은 피스라면 어렵지 않습니다.

(작품 제작 : 사이타마 현/오오데 사토미)

뒤쪽도 같은 디자인. 아이보리의 원단으로 만든 몸판 부분과 산뜻한 패치워크의 대비가 아름답습니다.

★ 시접은 지정 이외 1cm

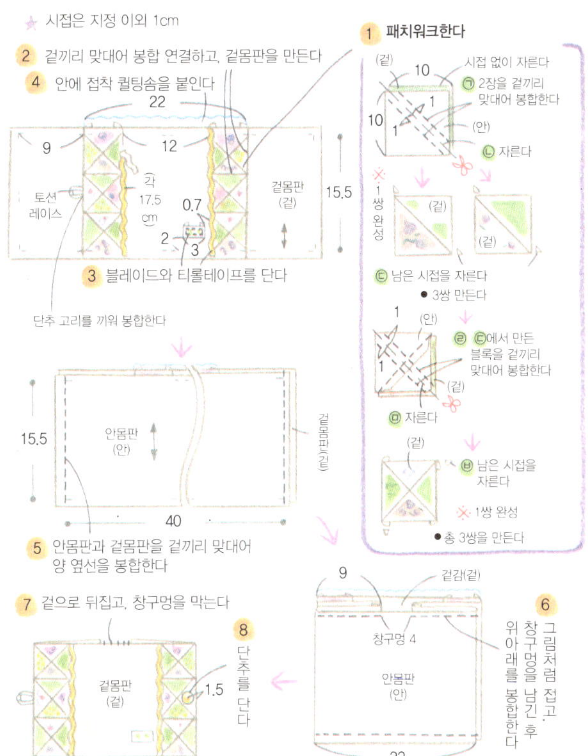

★ 완성 사이즈(닫은 상태) 약 가로11×세로15.5cm

재료 겉몸판 40×20cm, 안몸판 45×20cm, 패치워크 천 6종 각 사방15cm, 접착 퀼팅솜 25×20cm, 0.6cm폭 블레이드 40cm, 토션레이스 10cm, 1.5cm폭 티롤 테이프 5cm, 지름1.8cm 단추 1개

재료 겉몸판a 30×40cm, 겉몸판용 패치워크천, 안몸판 30×50cm, 1.5cm폭 레이스 25cm, 1.7cm폭 레이스 25cm, 6cm폭 레이스 25cm, 1cm폭 테이프 25cm, 1.5cm폭 테이프 10cm, 지름0.3cm 끈 40cm, 지름1.7cm 단추 1개

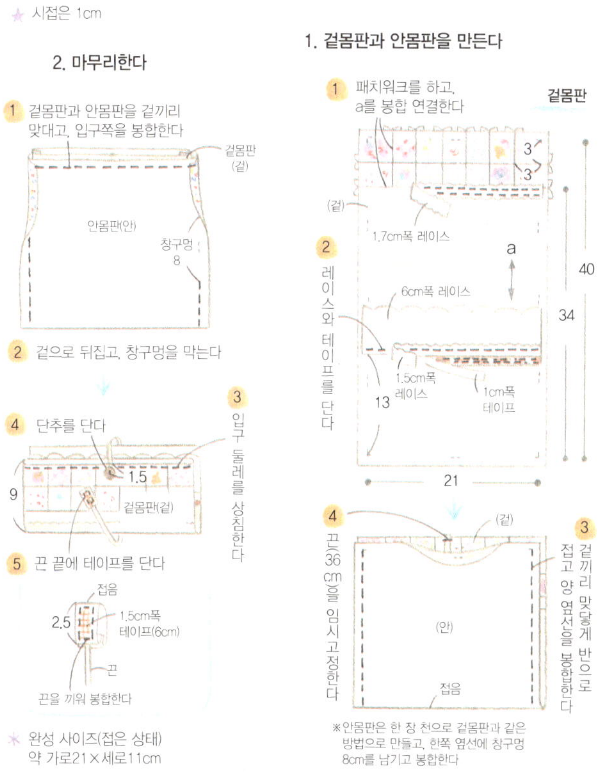

★ 시접은 1cm

2. 마무리한다

1. 겉몸판과 안몸판을 만든다

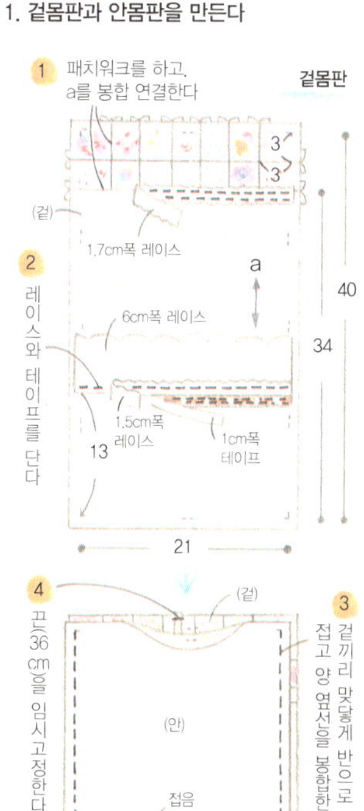

※안몸판은 한 장 천으로 겉몸판과 같은 방법으로 만들고, 한쪽 옆선에 창구멍 8cm를 남기고 봉합한다.

여기에서는 둥근 모양과 육각 모양의

패치워크를 소개합니다.

요요는 틈틈이 만들어 모아주세요.

매치하기 어려울 것 같은 헥사곤도 포인트로

사용하면 예쁘게 완성됩니다!

요요 퀼트

동그란 원단의 둘레를 봉합하여 줄이면 작은 꽃모양이 되는데, 이것이 요요입니다. 무늬에 따라 분위기가 변하는 것도 재밌습니다. 요요 1개를 만드는 데에 5분도 안 걸리기 때문에 틈틈이 만들어 모아보세요.

요요는 **재봉틀 불필요**

미니 카페 커튼

따뜻함이 있는 소박한 컬러들을 매치해 만든 요요를 연결하여 린넨 원단에 달면 내추럴한 카페 커튼이 완성됩니다. 요요의 숫자나 사이즈를 바꾸면 어떤 창문에도 딱 맞는 커튼을 만들 수 있습니다.
(작품 제작 : 군마 현/쿠와바라 아야)

등불이 켜져 있지 않아도 귀엽습니다.

조명을 켜지 않는 낮시간에는 산뜻하게 원단의 무늬 자체를 즐기고, 바람이 부는 날에는 창문을 열어 바람에 흔들리는 아름다운 요요를 즐겨보세요.

램프 셰이드

피드색의 노스탤직한 분위기가 펜던트 모양의 램프 셰이드와 잘 어울립니다. 요요의 틈 사이로 새어 나오는 불빛을 보고 있으면 기분이 좋아집니다.
(작품 제작 : 이와테 현/니키카와 메구미)
※안전을 위해 10~20w의 전구를 사용해주세요.

재봉틀 불필요

요요 만들기에 편리한 도구를 소개합니다!

6 매듭을 묶고, 주름 안으로 바늘을 통과시켜 조금 떨어진 곳에서 빼내어 매듭을 숨기고 실 끝을 잘라 완성한 다.

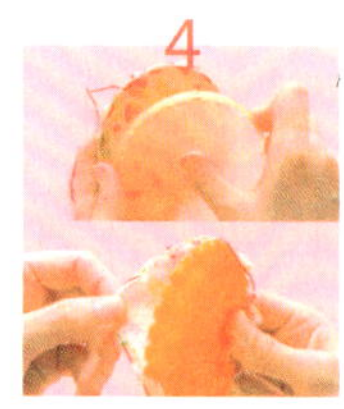

5 실 끝을 당겨 원단을 줄인다.

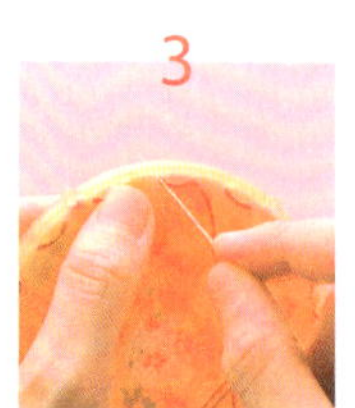

4 시접을 들어 올리듯이 벌려 플레이트에서 디스크를 꺼내고, 요요 원단을 벗겨낸다.

3 시접을 접어 손가락으로 누르고, 실 끝을 매듭 묶기한 바늘을 디스크쪽에서 넣는다. 플레이트의 구멍을 따라 한 바퀴 봉합한다.

2 시접을 0.3~0.5cm 남기고 잘라낸다.

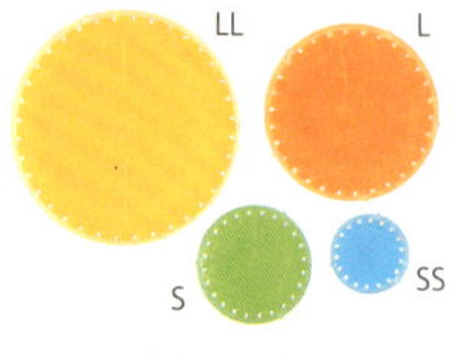

1 플레이트 위에 원단과 디스크를 꽉 끼워 넣는다.

요요 플레이트는 같은 사이즈의 요요 여러 개를 손쉽게 만들 수 있도록 도와줍니다. SS~LL사이즈가 있고, 완성 사이즈의 지름은 약 2~9cm입니다.

헥사곤 소품 바구니

버리기 아까워 남겨두었던 원단들을 모아 헥사
곤으로 패치워크 했습니다. 피스의 톤을 맞추
면서도 전부 다른 원단을 이용하면 화려하게
완성됩니다. 입구가 넓기 때문에 실패 등 봉제
소품 수납에 유용합니다.

(작품 제작 : 시가 현/카타오카 키미코)

만드는 방법은 다음 페이지에

헥사곤 에이프런

가슴 덧단이 없는 직사각형의 에이
프런은 직선 박기로 간단하게 봉합
할 수 있기 때문에 쉽게 완성됩니다.
앞에서 묶는 리본의 색에 맞춰 모노
톤의 헥사곤을 두 가지 크기로 아플
리케 하면 멋스러운 에이프런이 됩니
다.

(작품 제작 : 히로시마 현/시마다 아츠코)

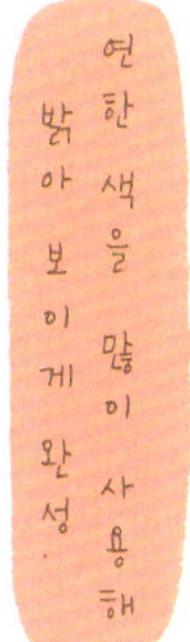

모노톤의 연한 색 피스를 많이
고르면 내추럴한 인상이 됩니다
. 무지 원단에는 숫자 스탬프를
찍어 귀엽게 완성했습니다. 사
진의 에이프런은 가로 폭 약 93
cm, 길이 약 43cm.

재료　요요 원단 각 종, 2.2cm폭 린넨테이프 적당량, 1.2cm폭 레이스 50cm, 지름1cm 다면 컷 비즈 10개, 길이 1cm 눈물 모양 비즈 10개, 외경13.5cm 아크릴제 둥근 핸들 1개, 코드 달린 소켓, 전구, 놋쇠 와이어, 자수실, 양면테이프

58 페이지
램프 셰이드

1. 틀을 만든다

1 둥근 핸들에 린넨테이프를 말아 달고, 끝을 공그르기한다

확대 그림

양면테이프　둥근 핸들

린넨테이프의 시작 부분에 양면테이프를 붙여 고정한다

린넨테이프

외경13.5

2 와이어(각 45cm)를 십자로 2줄 감아 단다

2. 요요를 연결한다

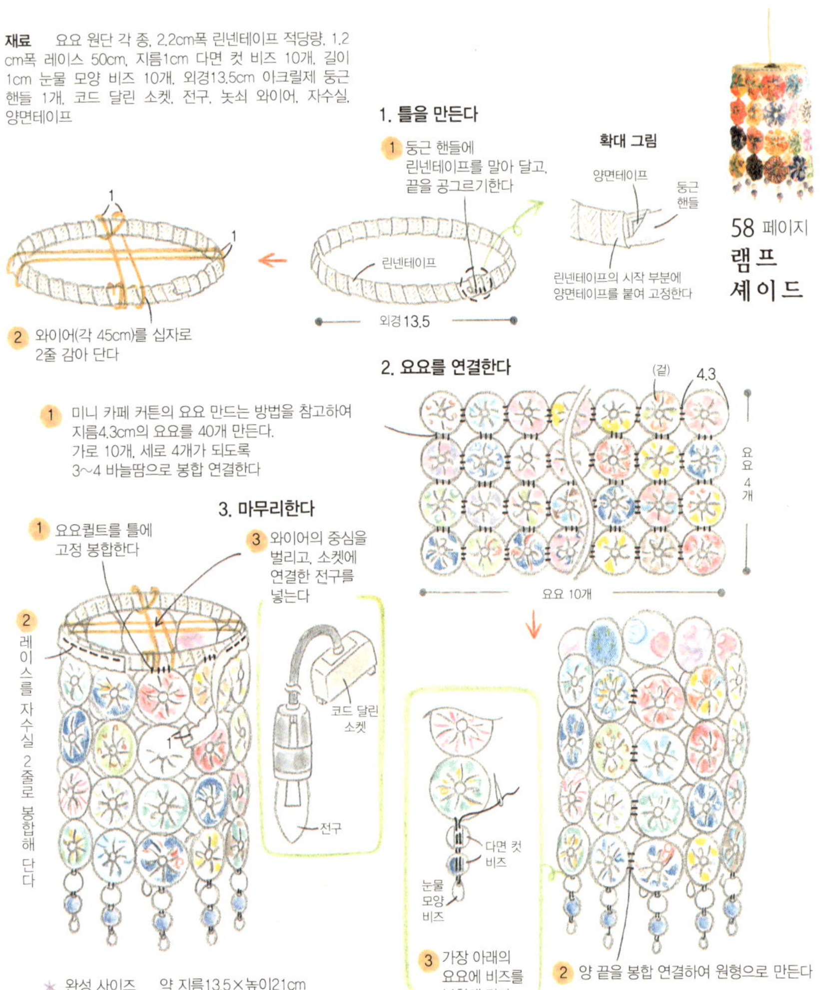

1 미니 카페 커튼의 요요 만드는 방법을 참고하여 지름4.3cm의 요요를 40개 만든다. 가로 10개, 세로 4개가 되도록 3~4 바늘땀으로 봉합 연결한다

(겉) 4.3

요요 4개

요요 10개

3. 마무리한다

1 요요퀼트를 틀에 고정 봉합한다

2 레이스를 자수실 2줄로 봉합해 단다

3 와이어의 중심을 벌리고, 소켓에 연결한 전구를 넣는다

코드 달린 소켓

전구

2 양 끝을 봉합 연결하여 원형으로 만든다

3 가장 아래의 요요에 비즈를 봉합해 단다

다면 컷 비즈

눈물 모양 비즈

★ 완성 사이즈　약 지름13.5×높이21cm

---

58 페이지
미니 카페 커튼

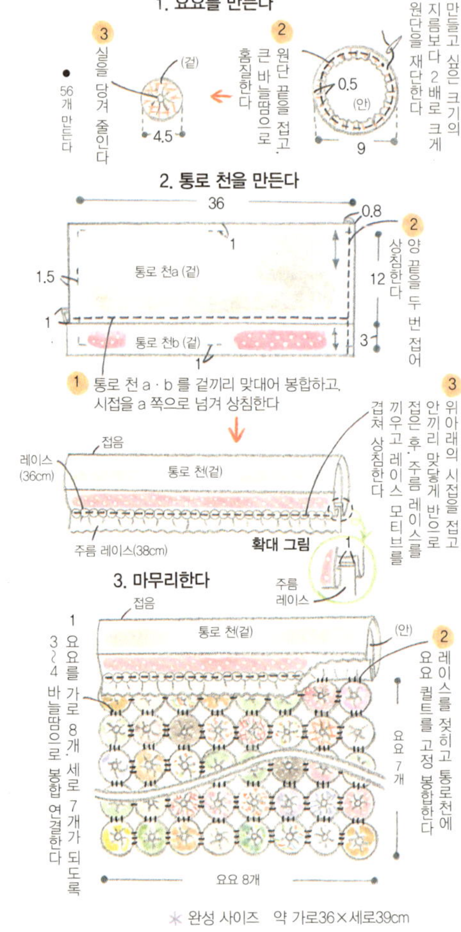

재료　통로천a 45×15cm, 통로천b 45×10cm, 요요 원단 각 종, 2.8cm폭 주름 레이스 40cm, 1.2cm폭 레이스 40cm

1. 요요를 만든다

1 만들고 싶은 크기의 지름보다 2배로 크게 원단을 재단한다

2 원단 끝을 접고, 큰 바늘땀으로 홈질한다

0.5 (안) 9

3 실을 당겨 줄인다

(겉) 4.5

56개 만든다

2. 통로 천을 만든다

36　0.8

1.5　통로 천a (겉)　1

통로 천b (겉)

12　3

2 양 끝을 두 번 접어 상침한다

1 통로 천 a · b 를 겉끼리 맞대어 봉합하고, 시접을 a 쪽으로 넘겨 상침한다

레이스 (36cm)　접음

통로 천(겉)

주름 레이스(38cm)

확대 그림

3 위의 아래의 시접을 반으로 접은 후, 주름 레이스를 끼우고 레이스를 겹쳐 상침한다

안끼리 맞닿게 접음

주름 레이스

3. 마무리한다

접음

통로 천(겉)

(안)

1 요요를 가로 8개 세로 7개가 되도록 3~4 바늘땀으로 봉합 연결한다

요요 7개

2 레이스를 요요 퀼트를 겉으로 통에 천에 고정 봉합한다

요요 8개

★ 완성 사이즈　약 가로36×세로39cm

---

59 페이지
헥사곤 에이프런

육각 패치 피스의 실물 크기 패턴

大 (7장)

小 (7장)

시접 [0.7]

---

4 겉으로 뒤집어 창구멍을 막고, 헥사곤 주변을 상침한다

겉옆판(안)

안옆판 (겉)

3 2장을 겉끼리 맞대어 퀼팅솜을 겹친 다음, 창구멍을 남기고 봉합한다

2 1장에 아플리케를 한다

겉옆판(겉)　중앙

1. 옆판을 만든다

1 패치워크한다

7장의 피스를 완성선까지 봉합한다

(안) 0.7

5 양 옆을 맞추고, 말아 감치기로 연결한다

안옆판 (겉)

겉옆판 (안)

퀼팅솜

창구멍

3. 마무리한다

겉옆판 (겉)

1 2장을 겉끼리 맞대어 퀼팅솜을 겹친 다음, 창구멍을 남기고 봉합한다

2. 바닥을 만든다

(안)

(안)

창구멍

퀼팅솜

바닥(겉)

가윗집

2 겉으로 뒤집고, 창구멍을 막는다

옆판과 바닥을 맞대어 말아 감치기로 연결한다

★ 완성 사이즈　약 바닥 지름7×높이8cm

재료　패치워크 원단, 겉감 50×40cm, 퀼팅솜 50×20cm

59 페이지
헥사곤 소품 바구니　**패턴 A**

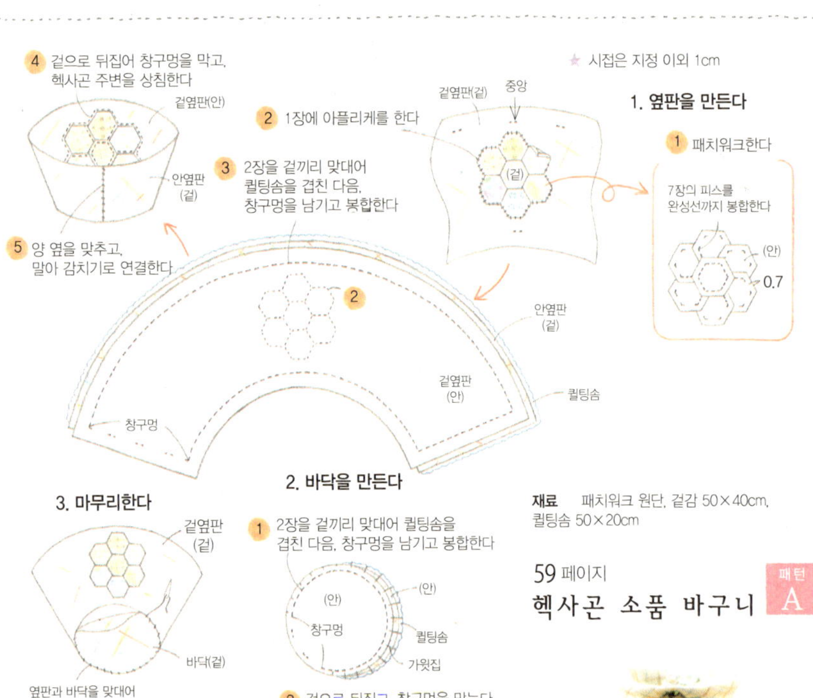

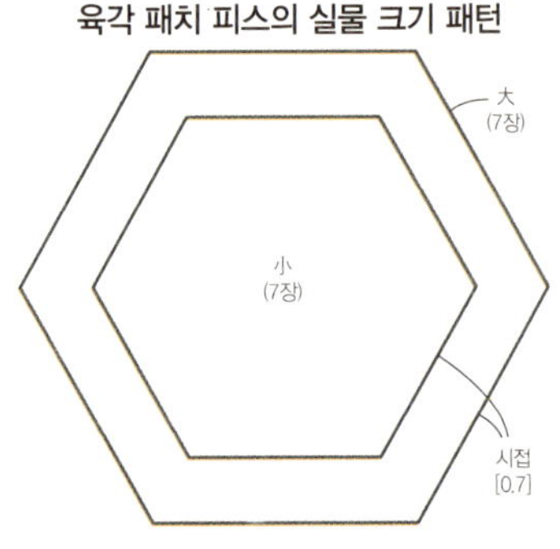

송곳

송곳 끝을 사용하면 작품의 모서리를 깔끔하게 빼낼 수 있습니다. 재봉틀로 봉합할 때 원단을 넘기기 위해 사용하기도 합니다.

리퍼

잘못 봉합한 부분을 뜯을 때 편리합니다. 끝이 긴 쪽을 실 아래에 찔러 넣어 실을 자릅니다.

가위

원단을 자르는 가위와 실을 자르는 가위, 종이를 자르는 가위로 용도를 나누어 사용해주세요. 촘촘한 부분을 자를 때는 가윗날 끝이 날카로운 것이 편리합니다.

시침실

겹친 원단이 움직이지 않도록 임시고정할 때 사용합니다. 지퍼 달기 등 시침핀을 꽂기 힘든 곳에도 편리합니다.

방안자

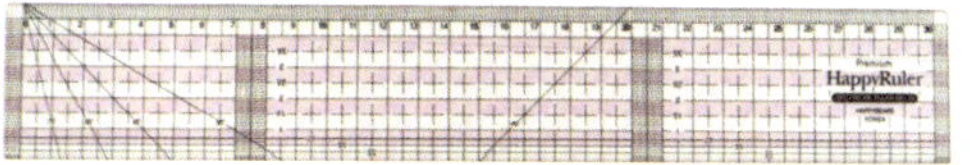

수평선과 수직선, 대각선이 들어간 방안자. 투명하기 때문에 방안자 아래로 원단이 보여 정확하게 선을 그릴 수 있습니다.

펜초크 · 초크펜슬

원단에 패턴을 베끼거나 표시할 때 사용합니다. 펜 타입은 시간이 지나면 지워지는 기화성과 물이 닿으면 지워지는 수세형이 있습니다.

시침핀

원단을 임시고정할 때에 사용합니다. 시침핀 끝에 구슬이 달려 있어 찾기 쉽습니다.

봉제 바늘

원단의 종류와 두께 등에 따라서 바늘의 두께나 길이가 다르지만 우선 보통 원단용을 준비합니다. 패치워크용은 바늘이 가늘어 원단에 통과시키기 좋습니다.

실 꿰는 기구

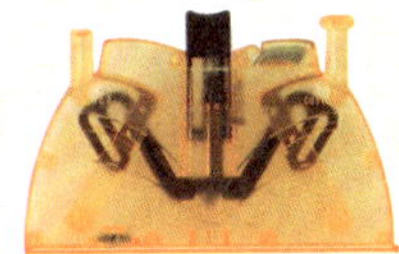

지정된 위치에 바늘을 조절하여 레버를 누르면 실을 꿸 수 있습니다. 가는 바늘에서 굵은 바늘까지 모두 사용이 가능합니다.

사용한 작품 → p8 집모양 열쇠 케이스, p13 모티브 오너먼트 등

아이론 시접자

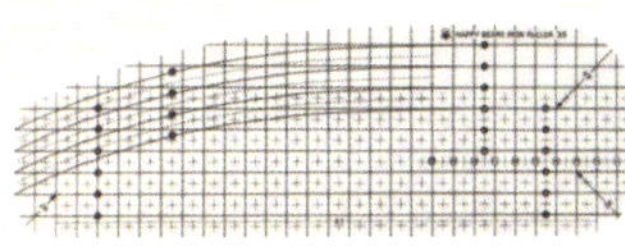

가방의 손잡이나 주머니 입구의 두 번 접기 등 원단을 일정한 폭으로 접을 때 사용합니다. 접음선을 확실히 접어 다려줍니다.

사용한 작품 → p69 패치워크 무늬의 그래니백, p70 걸리시한 개더 토트백 등

시접 고정용 집게

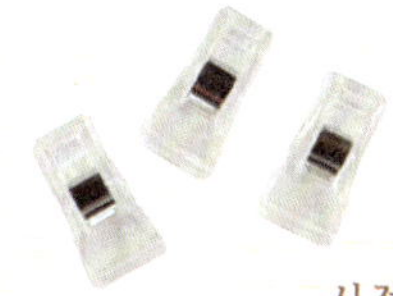

시침핀으로 고정하기 힘든 라미네이트 원단이나 가죽, 두꺼운 원단을 임시고정할 때 사용합니다.

사용한 작품 → p28 세탁 집게 주머니, p48 도장 케이 스, p64 수영장 백

수예용 본드

프레임을 달 때나 원단을 붙일 때에 사용합니다. 완전히 마르면 색이 투명하게 변합니다.

사용한 작품→p9 캔들 홀더, p46 프레임 파우치

재단칼&자&커팅매트

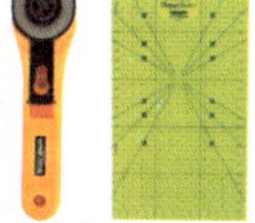

직선을 자르거나, 여러 장으로 겹쳐진 원단을 한 번에 재단할 때 편리합니다.

사용한 작품→p56 접어 사용하는 돈 봉투, p72 리본으로 묶는 크로스백

눈금에 맞춰 원단을 놓고, 재단칼을 몸쪽에서 바깥쪽으로 움직여 재단한다.

바이어스 메이커

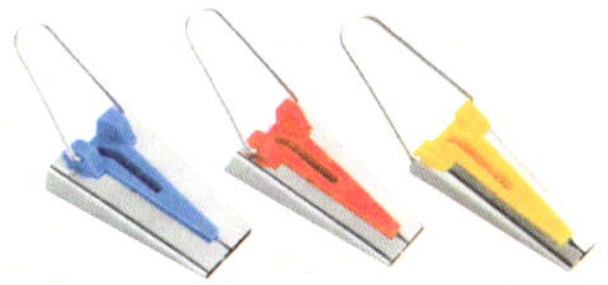

바이어스 메이커를 사용하면 원하는 원단으로 바이어스테이프를 쉽게 만들 수 있습니다.

사용한 작품→p29 창깁 걸레, p37 헤어밴드 등

바이어스 메이커에 원단을 통과시켜 양면이 접어진 상태로 나오는 원단을 다리미로 다린다

자료제공 : 해피베어스

짧은 시간에 만드는
아이디어 가방 & 세련된 가방

사이즈가 큰 가방은 미리 원단을 재단해 두고,
재봉틀로 봉합하기만 하면 금방 완성됩니다!
간단하면서 멋스럽고 사용하기 편한 가방을 소개합니다.

오늘 만들어 내일 바로 들고 다닐 수 있는,

직선 박기로 만드는 간단한 가방.

용도에 따라 소재와 바느질 방법을 고민하면

편리하게 사용할 수 있는 가방을 만들 수 있습니다

아이디어 BAG

직선 박기로 OK!

도시락 가방

핸드메이드 도시락 가방은 매일 사용하는 즐거운 아이템! 직선 박기만으로 만들 수 있는 심플한 타입을 소개합니다. 겉감에 겹친 우레탄 투명원단은 국물이 새는 것을 방지함은 물론, 여름에 어울리는 시원함도 연출할 수 있습니다.
(작품 제작 : 가와나가.현/이키사와 사토미)

도시락이 상하지 않도록 넣는 보냉제용 케이스도 우레탄 투명원단으로 제작. 가방 바닥에 넣어 세트로 사용합니다.

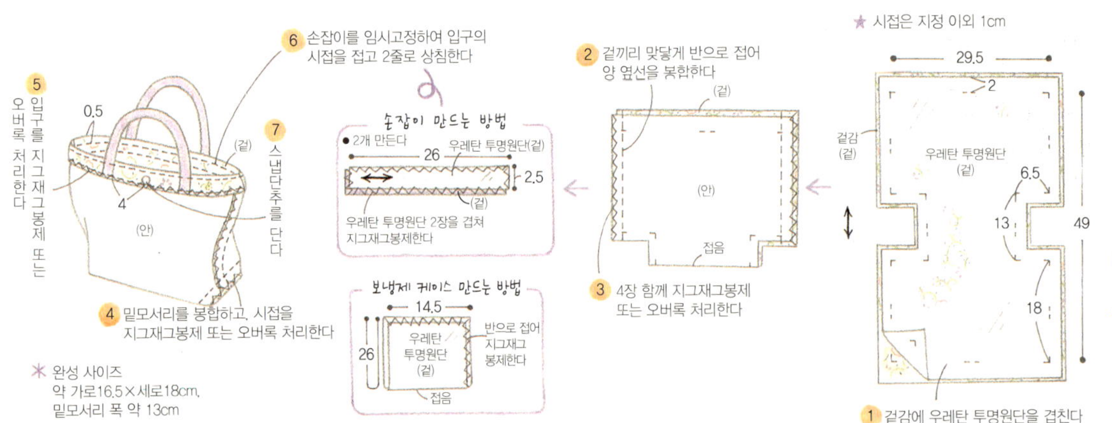

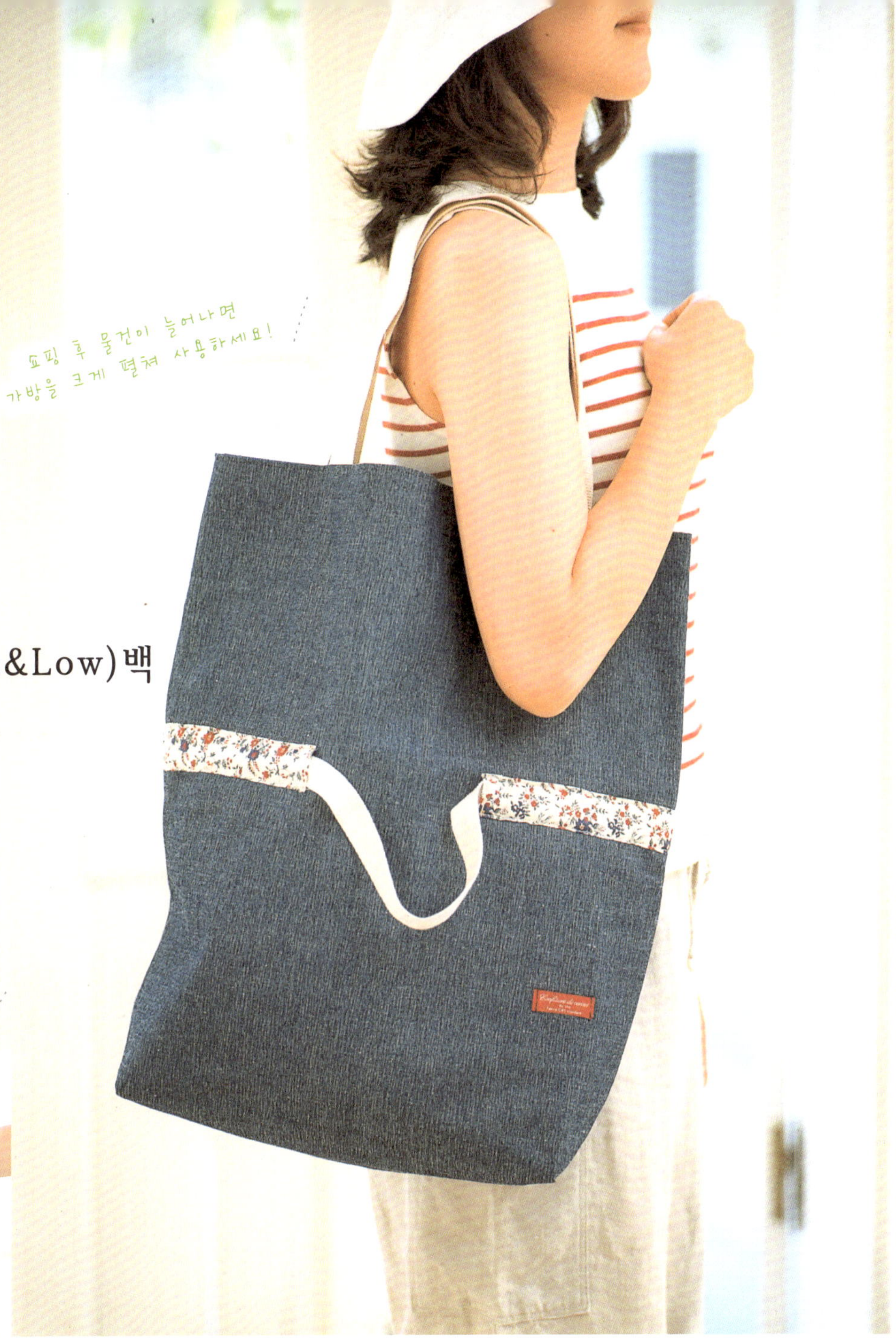

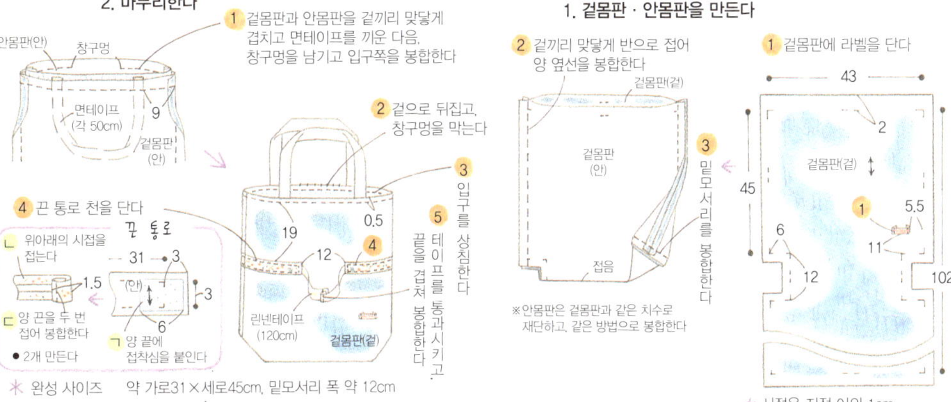

하이&로우(High&Low)백

세로로 긴 심플한 백의 중간에 끈 통로를 달았습니다. 이렇게 끈을 하나 더 다는 것만으로 두 가지 모양으로 들 수 있는 2way 가방이 완성되었습니다. 유행을 타지 않는 데님과 꽃무늬 프린트의 콤비도 시원하고 깔끔합니다!

(작품 제작 : 오사카 부/타카바 이츠미)

가방의 절반을 안으로 접어 넣고, 중간의 끈을 들면 가로로 긴 토트백으로 변신. 입구가 줄어들기 때문에 가방 안이 보이지 않습니다.

재료 겉몸판 50cm×1.1m, 안몸판 50cm×1.1m, 끈 통로 천 45×15cm, 접착심. 3cm폭 면테이프 1m, 2cm폭 린넨테이프 1.2m, 라벨 1장

2. 마무리한다

✳ 완성 사이즈 약 가로31×세로45cm, 밑모서리 폭 약 12cm

1. 겉몸판 · 안몸판을 만든다

★ 시접은 지정 이외 1cm

아이디어 BAG

외출시간이 늘어나는 여름.

젖은 수영복도, 여행지에서 산 선물도

아이디어 백에 전부 넣어주세요!

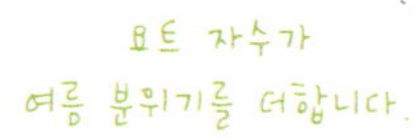

스트라이프를 바다로 표현하고 작은 요트를 자수 놓았습니다. 여름스러운 무늬의 원단에 아플리케하여 마린풍으로 연출했습니다.

자르기만 하면 완성

수영장 백

안쪽면이 코팅된 라미네이트 원단을 사용했습니다. 원단 끝의 올이 풀리지 않아 시접 처리가 필요 없기 때문에 큰 사이즈의 가방도 빠르게 완성됩니다. 밑모서리를 넓게 잡았기 때문에 많은 양의 물건도 충분히 수납할 수 있습니다.
(작품 제작 : 치바 현/사카키바라 사치코)

재료 몸판용 라미네이트 원단 55cm x 1m, 아플리케 원단 2종, 장식천 사방10cm, 지름1.5cm 아일렛 8쌍, 1.5cm 폭 테이프 1m, 자수실

★ 시접은 지정 이외 1cm

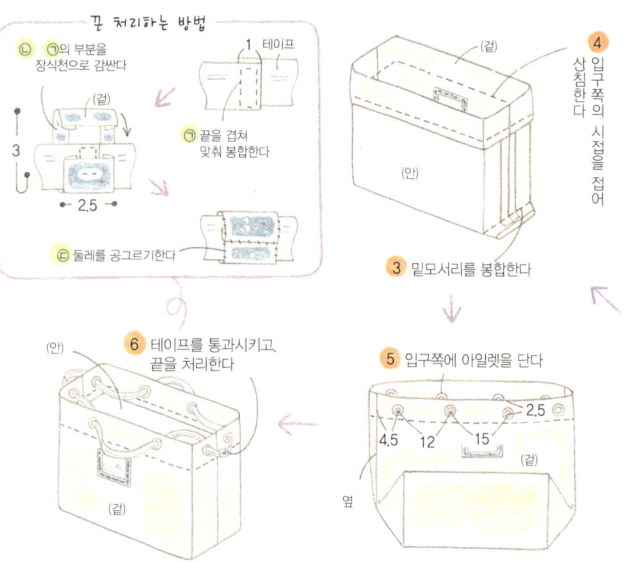

완성 사이즈 약 가로30×세로30cm, 밑모서리 폭 약 18cm

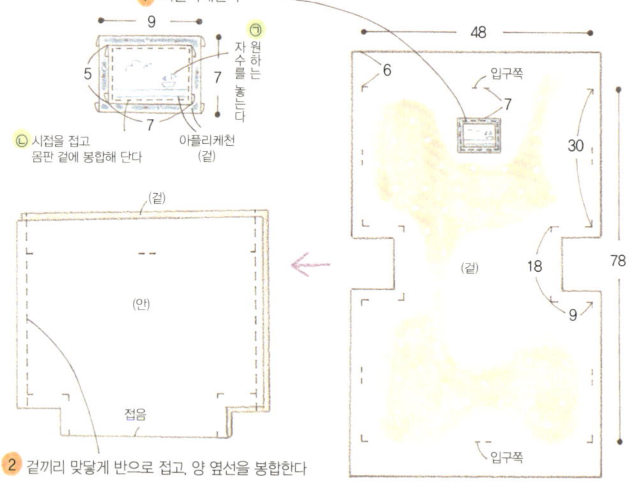

레이스로 페미닌함을 더했습니다

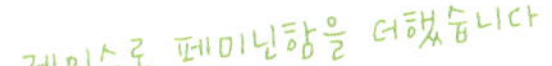

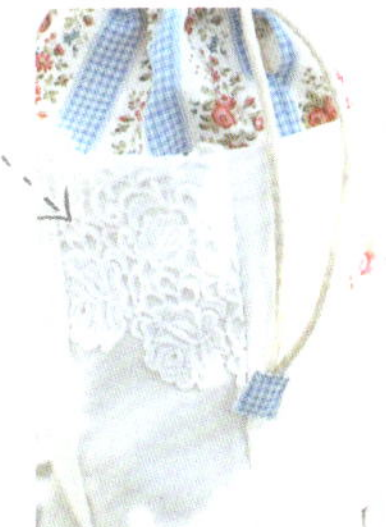

두꺼운 데님원단에 레이스를 달고, 끈 끝에 장식천을 달아 부드러운 분위기를 연출했습니다.

물건이 많아지면 가방을 2개로 나누어 사용할 수 있습니다!

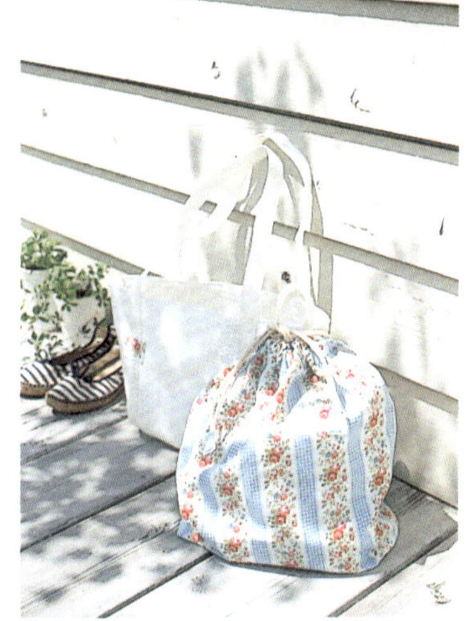

주머니의 윗부분에 손잡이를 달았기 때문에 가방으로도 사용할 수 있습니다. 주머니를 가방과 다른 무늬의 원단으로 만들어 두면 부담 없이 바꿔 넣어 사용할 수 있습니다.

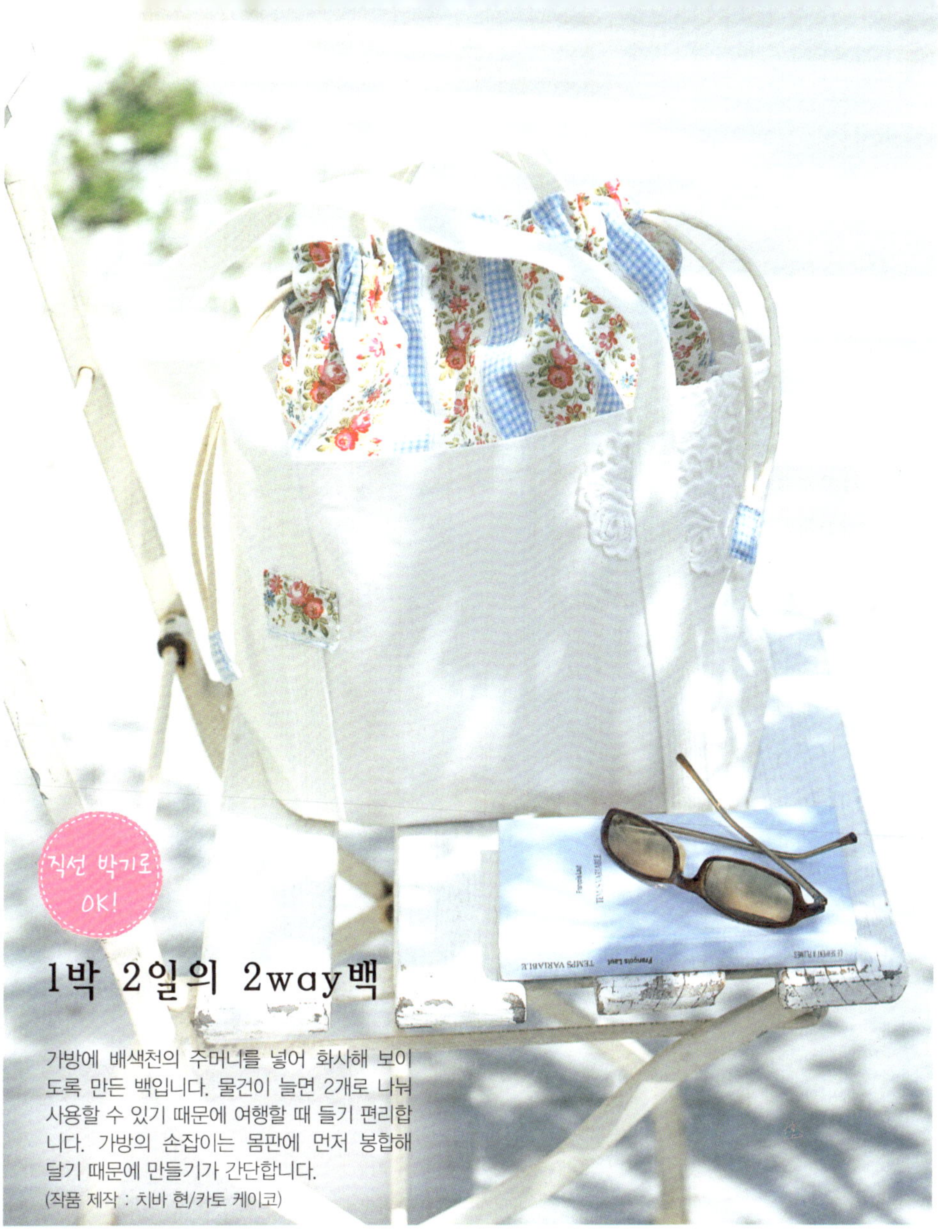

직선 박기로 OK!

1박 2일의 2way백

가방에 배색천의 주머니를 넣어 화사해 보이도록 만든 백입니다. 물건이 늘면 2개로 나눠 사용할 수 있기 때문에 여행할 때 들기 편리합니다. 가방의 손잡이는 몸판에 먼저 봉합해 달기 때문에 만들기가 간단합니다.

(작품 제작 : 치바 현/카토 케이코)

재료 **주머니** : 겉감 45cm×1m, 2.5cm폭 면테이프 60cm, 지름0.5cm 둥근 끈 1.3m **가방** : 겉감 50×75cm, 2.5cm폭 면테이프 2.4m, 라벨천 사방 15cm, 레이스 모티브

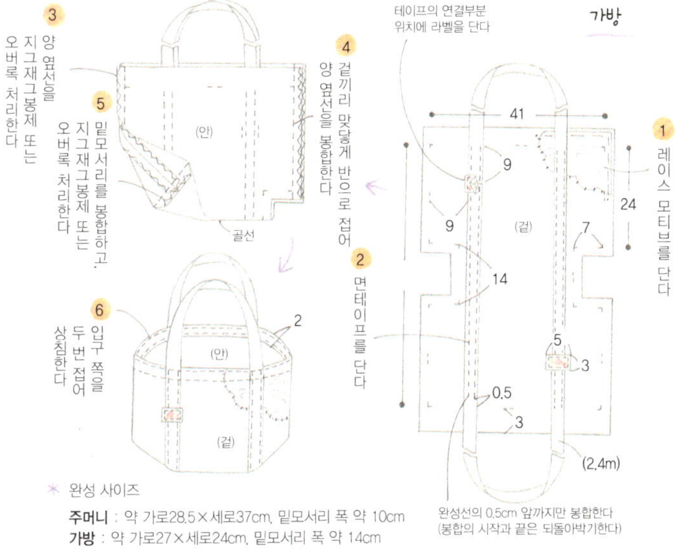

가방
1 레이스 모티브를 단다
2 면테이프를 단다
테이프의 연결부분 위치에 라벨을 단다
41
24
9
9
7
14
5
3
0.5
3
(겉)
(2.4m)
완성선의 0.5cm 앞까지만 봉합한다 (봉합의 시작과 끝은 되돌아박기한다)
3 양 옆선을 지그재그봉제 또는 오버록 처리한다
4 겉끼리 맞닿게 반으로 접어 양 옆선을 봉합한다
5 밑모서리를 봉합하고, 지그재그봉제 또는 오버록 처리한다
(안)
골선
6 입구 쪽을 두 번 접어 상침한다
2
(안)
(겉)

* 완성 사이즈

주머니 : 약 가로28.5×세로37cm, 밑모서리 폭 약 10cm

가방 : 약 가로27×세로24cm, 밑모서리 폭 약 14cm

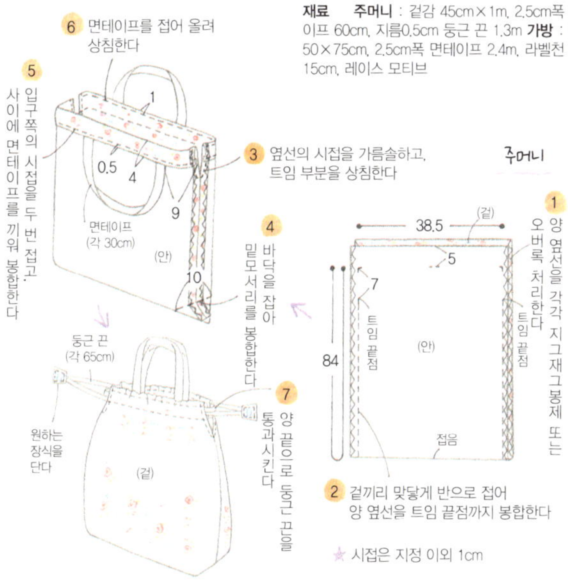

주머니
1 양 옆선을 각각 지그재그봉제 또는 오버록 처리한다
38.5
(겉)
5
7
84
트임 끝점
트임 끝점
(안)
접음
2 겉끼리 맞닿게 반으로 접어 양 옆선을 트임 끝점까지 봉합한다
3 옆선의 시접을 가름솔하고, 트임 부분을 상침한다
4 바닥을 잡아 밑모서리를 봉합한다
5 입구쪽의 시접을 두 번 접고, 사이에 면테이프를 끼워 봉합한다
6 면테이프를 접어 올려 상침한다
1
0.5
4
9
10
면테이프 (각 30cm)
(안)
7 양 끝으로 둥근 끈을 통과시킨다
둥근 끈 (각 65cm)
원하는 장식을 단다
(겉)

☆ 시접은 지정 이외 1cm

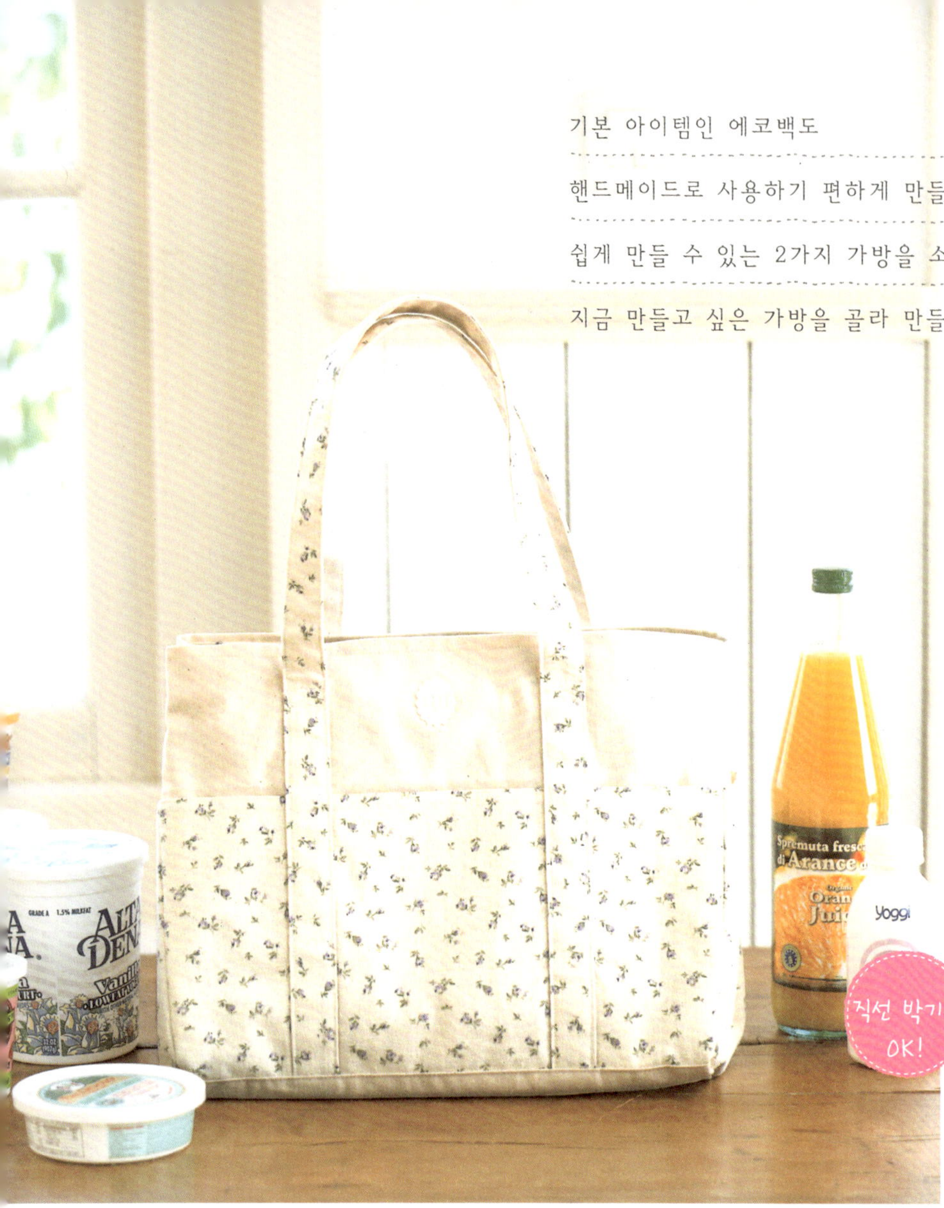

기본 아이템인 에코백도

핸드메이드로 사용하기 편하게 만들고 싶다!

쉽게 만들 수 있는 2가지 가방을 소개합니다.

지금 만들고 싶은 가방을 골라 만들어보세요!

보온보냉 시트는 소잉샵에서 구입 가능. 입구가 넓기 때문에 가방 안의 내용물을 꺼내기가 편리합니다. 옆의 주머니는 열쇠나 지갑을 넣기 좋습니다.

보냉 가방

안감으로 보온보냉 시트를 사용하고, 밑모서리를 넉넉하게 잡은 큰 사이즈의 에코백. 쇼핑할 때에도, 아웃도어에서도 매우 유용합니다. 크지만 직선 박기만으로 쉽게 완성할 수 있으니 겁내지 말고 도전해 보세요!

(작품 제작 : 히로시마 현/나카지마 쿄코)

재료 겉몸판·손잡이 안감 90cm×1.1m, 주머니·손잡이 겉감·안단 천 90cm×1.1m, 안감용 보온보냉 시트 사방70cm, 접착심 70×45cm, 지름1.5cm 도트단추 2쌍, 레이스모티브 1장

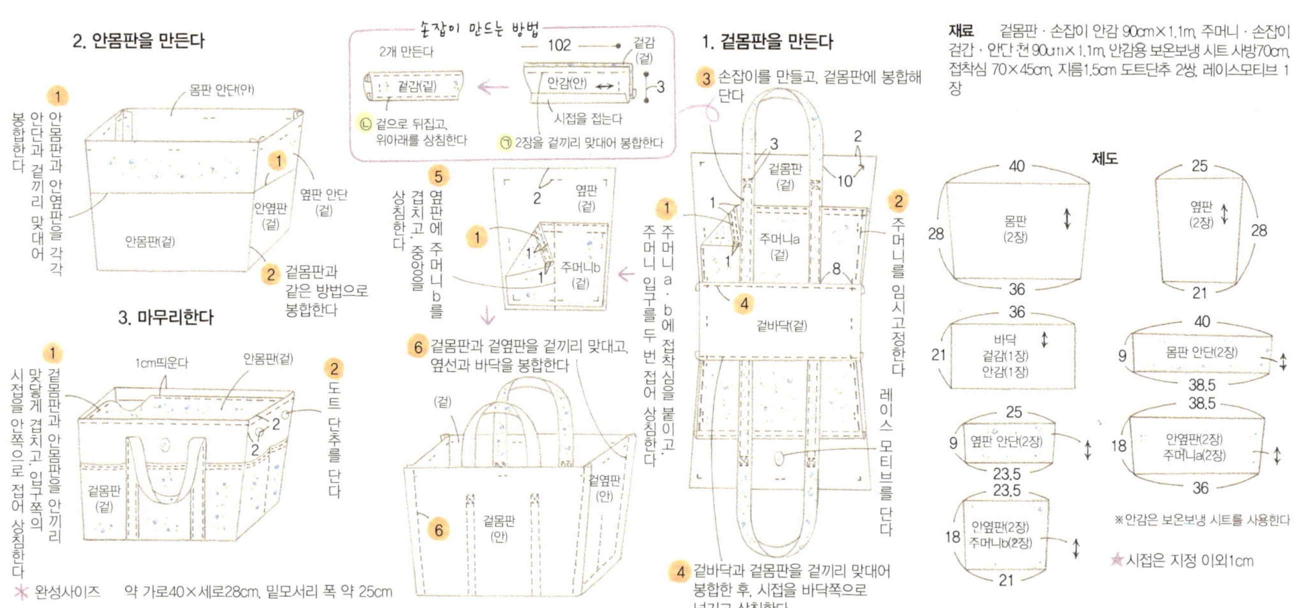

리본으로 묶는 파우치

가늘고 긴 천을 삼각형으로 접어 만든 파우치. 원단의 둘레는 직선으로 박기만 하면 됩니다. 겉감과 안감의 원단을 바꿔 양면으로 사용할 수 있습니다. 마지막에 원단을 감칠 때는 자수실로 포인트를 주세요.

(작품 제작 : 오사카 부 /니시야마 오마사코)

손잡이를 풀면 납작하게 변신. 옛날부터 사용해 오던, 작게 접어 가방에 넣어 두는 에코백 입니다.

재료 겉감 105×40cm, 안감 105×40cm, 자수실

★ 전부 시접 없이 자른다

✳ 완성 사이즈 약 가로47×세로47cm

인기가 많은 그래니백(granny bag).

곡선이지만 어렵지 않게 봉합할 수 있는

간단함과 노스탤직한 디자인으로

여러 개 만들어 사용하고 싶은 가방입니다!

베이직 그래니백

밑모서리가 없는 슬림한 디자인으로 입구 둘레의 원단 끝을 면테이프로 마무리하여 재빠르게 만들 수 있도록 신경 쓴 그래니백입니다. 많이 만들다 보면 익숙해지기 때문에 점점 빠르게 만들 수 있습니다.
(작품 제작 : 효고 현/사카베 미요)

청순한 꽃무늬가 돋보이도록 하얀 손잡이와 바이어스테이프를 매치. 퀼팅솜을 겹쳐 풍신함을 작품에 더했습니다.

고급스러운 블랙와치무늬에 대폭 레이스로 화려함을 더하고, 가방의 입구는 단추에 가죽끈을 감아 완성했습니다.

재료(꽃무늬 그래니백) 겉감 80×35cm, 안감 80×35cm, 퀼팅 솜 80×35cm, 2cm폭 린넨테이프 1.3m, 0.3cm폭 스웨이드테이프 15cm, 2cm폭 레이스 5cm, 지름2.5cm 대나무 단추 1개, 장식 패턴 B

★ 시접은 지정 이외 1cm

3. 마무리한다

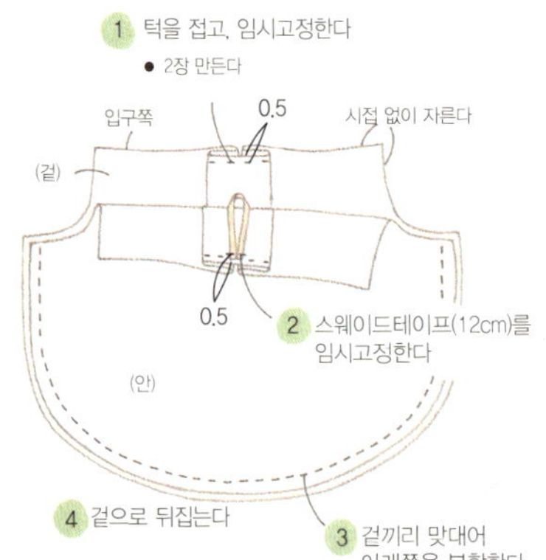

2. 안몸판을 만든다

1. 겉몸판을 만든다

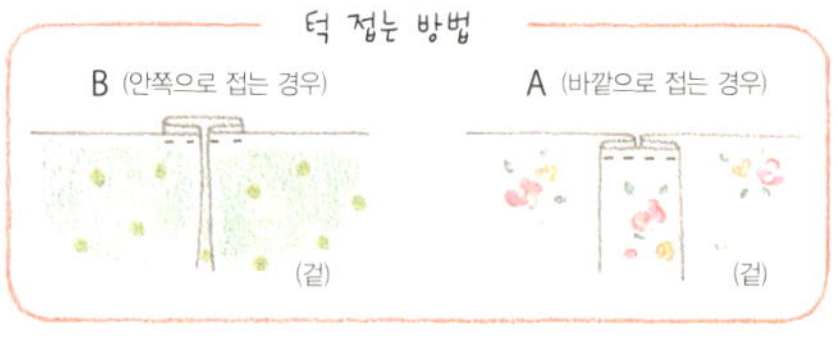

패치워크 무늬의 그래니백

패치워크 무늬의 원단은 천을 봉합 연결할 필요가 없어 편합니다. 2종류의 원단만으로도 화려하게 완성됩니다. 여러 개 만들 때는 원단을 재단하거나 다림질을 하는 등 같은 작업을 모아 한 번에 하면 작업시간이 단축됩니다.
(작품 제작 : 오사카 부/이케다 마키)

3. 손잡이를 만든다

② 세 번 접어 봉합한다
(겉)
① 원형으로 봉합한 다음 바로 접어 (안)
90 / 10 / 접음 / 시접 없이 자른다

4. 마무리한다

② 겉으로 뒤집고, 상침한다
① 겉몸판과 안몸판을 겉끼리 맞대고, 입구쪽을 봉합한다
가윗집 / 겉몸판(안) / 안몸판(안)
③ 겉몸판과 안단을 겉끼리 맞대어 겹치고, 입구둘레를 봉합한다
안단(안) / 겉몸판(겉) / 가윗집
⑤ 적당한 위치에 꽃모티브를 단다
손잡이 안단(겉) / 손잡이 안단(겉) / 옆 / 안몸판(겉)
④ 완성선에 맞춰 접고, 시접을 접어 손잡이를 감싸고, 상침한다
※손잡이를 봉합하시 않도록 주의한다

☞ 완성 사이즈 약 가로35×세로24cm

1. 겉몸판을 만든다

⑤ 2장을 겉끼리 맞대어 아래쪽을 봉합한다
(겉) / 겉몸판(안)
③ 안에 접착심을 붙인다
② 1장에 레이스를 단다
겉몸판a / 겉몸판b / a / b / 겉몸판(겉) / 1cm폭 레이스(36cm) / 겉몸판(겉)
① 봉합해 겉몸판a·b를 연결한다 / 겉몸판a·b를 겉끼리 맞대어
④ 턱을 접고, 임시고정한다

2. 안몸판을 만든다

② 1~4 / ⑤ 를 참고하여 만든다
(안) / 안몸판(겉) / 7 / 안몸판(겉) / 옆
① 안몸판에 주머니를 만들어 단다
1.2cm폭 레이스(17cm) / (겉) / 15 / 창구멍5 / 주머니 입구 (안) / 25 / 접음 / ㉠ 겉끼리 맞닿게 반으로 접어 창구멍을 남기고 봉합한다 / ㉡ 겉으로 뒤집고, 주머니 입구에 레이스를 단다 / ㉢ 적당한 위치에 라벨을 단다

패턴 B

☆ 시접은 지정 이외 1cm

재료(블루) 겉몸판a·안단 80×40cm, 겉몸판b 80×15cm, 안몸판·주머니 사방60cm, 손잡이 110cm폭×15cm, 접착심 80×80cm, 1cm폭 레이스 40cm, 1.2cm폭 레이스 20cm, 꽃모티브, 라벨

걸리시한 개더 토트백

개더 주머니가 포인트인 토트백. 몸판은 밑모서리가 없는 심플한 모양이기 때문에 직선 박기로 OK! 개더나 턱은 접어서 임시고정해 두면, 작업이 편리해집니다.
(작품 제작 : 히로시마 현/나카지마 쿄고)

1 안감은 고급스러운 그레이로 러블리함을 더하고, 안주머니는 겉감과 같은 천을 사용해 포인트가 되게 했습니다. 2 차분한 색감의 꽃무늬이기 때문에 하얀 레이스를 더해 밝은 인상으로 마무리했습니다.

★ 시접은 지정 이외 1cm

3. 마무리한다

1 겉몸판과 안몸판을 겉끼리 맞대고, 입구쪽을 봉합한다

겉몸판안
안몸판안

4 손잡이를 만들고, 봉합해 단다

2 겉으로 뒤집고, 창구멍을 막는다

접음 세 번 접어 봉합한다
● 2개 만든다

52 / 3

0.5 16
안몸판(겉)
0.3 깨낸다 2 3.5
겉몸판(겉)
정리한 후, 안몸판을 0.3 꺼내어 입구둘레를 모양으로 봉합한다

✱ 완성 사이즈 약 가로 52×세로32cm

2. 겉몸판과 안몸판을 만든다

겉몸판

2 1장에 2cm폭 레이스를 임시고정한다

52
입구쪽
주머니 입구
(안)
32
(겉)
안감 0.3띄운다

1 바깥주머니를 겹쳐 임시고정하고, 중앙에 칸막이를 상침한다

3 다른 1장을 겉끼리 겹친 다음 입구쪽을 남기고 봉합한다

안몸판

2 겉끼리 맞닿게 반으로 접어 창구멍을 남기고 양 옆선을 봉합한다

1 안주머니를 봉합해 단다

52
입구쪽
(겉)
(안)
창구멍 15
안주머니
64
접음

1. 주머니를 만든다

바깥주머니

62
겉감(겉)
안감(안)

1 겉감과 안감을 겉끼리 맞대어 봉합한다

21
6 3 14 2 12 2 14 3 6
턱

주머니 입구
0.3띄운다

2 겉으로 뒤집고, 안감을 0.3cm띄워 2줄 상침한다

4 임시고정하고, 통과시키고, 고무줄(45cm)을
0.2 2 4
겉감(겉)
안겉(안)
겉감(겉)

3 2장 함께 턱을 접고, 임시고정한다

안주머니

주머니 입구
23
1 주머니 입구를 두 번 접고 1.2cm폭 레이스를 겹쳐 봉합한다
(겉)
21
2 나머지 세 변의 시접을 접는다

재료 겉몸판 · 인주머니 · 손잡이 110cm폭×85cm, 안몸판 70×95cm, 2cm폭 레이스 70cm, 1.2cm폭 레이스 30cm, 0.5cm폭 고무줄 50cm.

재료 겉몸판 65×50cm, 안몸판 65×50cm, 꽃잎 15×35cm, 5cm폭 레이스 30cm, 리본 9종, 모티브 단추 1개, 비즈 각 종, 접착 펠트, 길이 3.5cm 브로치핀 1개

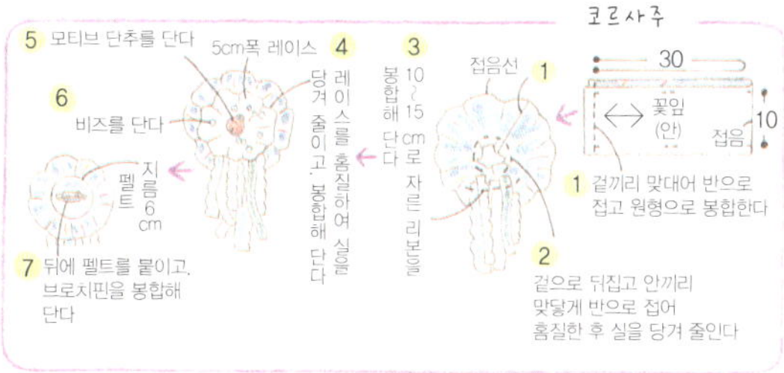

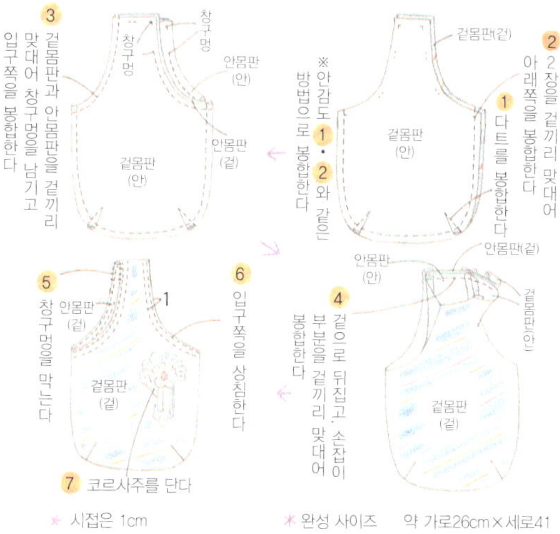

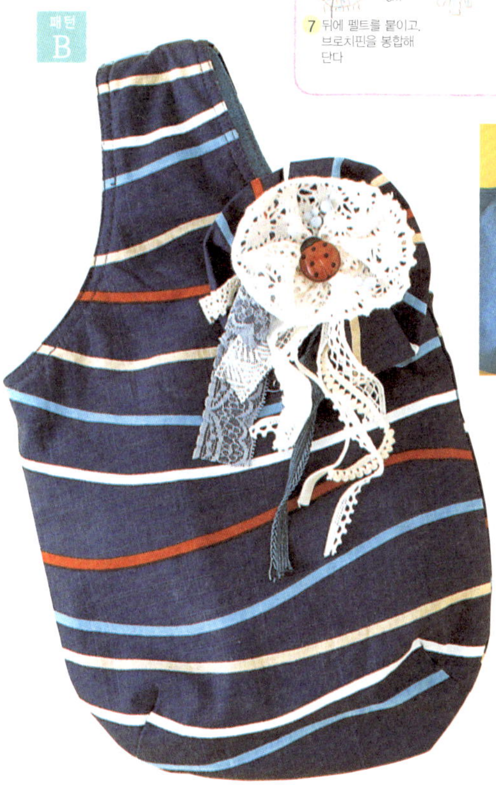

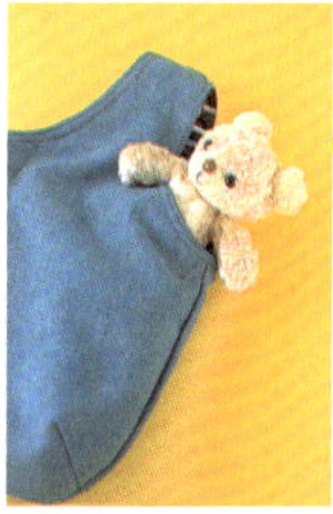

코르사주

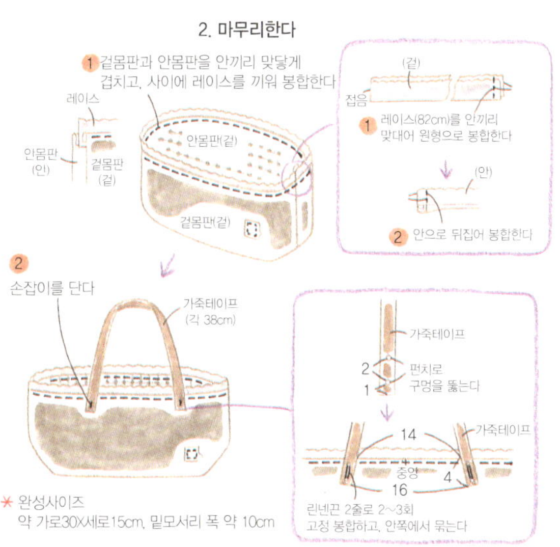

원핸들 백

손잡이와 몸판이 하나로 연결된 양면의 원핸들 백. 준비할 패턴이 적기 때문에 금방 완성됩니다. 시접 처리가 필요 없는 것도 매력적입니다. 어디에나 잘 어울릴 것 같습니다! (작품 제작 : 미야기 현/스즈키 하나코)

안감은 하늘색 무지원단을 선택했습니다. 겉감 중에 1색을 안감으로 고르면 통일감을 나타내 멋스러워 보입니다.

가로로 긴 토트백

정사각형의 원단 2장으로 만든 가방. 옆과 입구 둘레는 직선 박기하고, 밑모서리는 바닥의 모서리를 삼각으로 접어 심플하게 만들었습니다. 고급스러운 검정색 린넨과 얇은 가죽 손잡이로 세련되고 어른스러운 가방이 되었습니다.

(작품 제작 : 사이타마 현/스즈키 아케미)

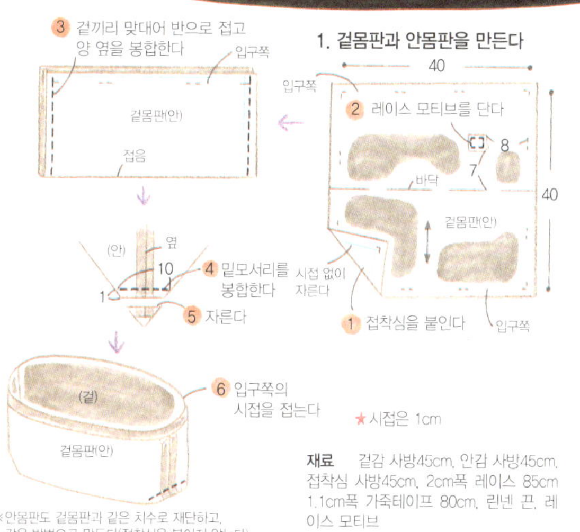

2. 마무리한다

1. 겉몸판과 안몸판을 만든다

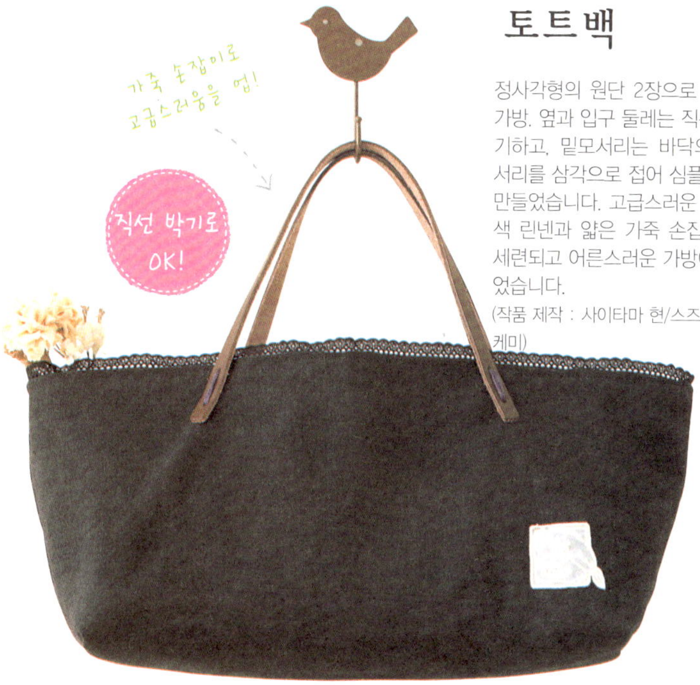

재료 겉감 사방45cm, 안감 사방45cm, 접착심 사방45cm, 2cm폭 레이스 85cm, 1.1cm폭 가죽테이프 80cm, 린넨 끈, 레이스 모티브

안감은 어른스럽고 귀여운 깅엄체크를 골라 부드러운 인상으로, 손잡이는 보라색 실로 고정 봉합하여 포인트를 주었습니다.

활동적인 사람들에게 인기 있는

크로스백!

금속 부자재와 덮개가 필요 없는

심플한 디자인이기 때문에

간단하고 쉽게 만들 수 있습니다!

리본으로 묶는 크로스백

A4크기의 잡지가 쏙 들어가는 사이즈와 심플한 디자인이 사용하기 편할 것 같습니다. 모양을 확실히 나타내기 위해 몸판의 테두리를 상침했습니다. 덮개 대신에 단추와 고리로 고정하여 캐주얼하게 연출했습니다.

(작품 제작 : 치바 현/스기노 미오코)

1 안감은 겉감과 같은 계열 색의 도트 무늬. 주머니는 스트라이프로 하여 장난기를 더했습니다. 2 심플한 무지와 체크 원단의 산뜻한 콤비. 체크 원단은 바이어스 방향으로 재단하여 활동적인 느낌을 주었습니다.

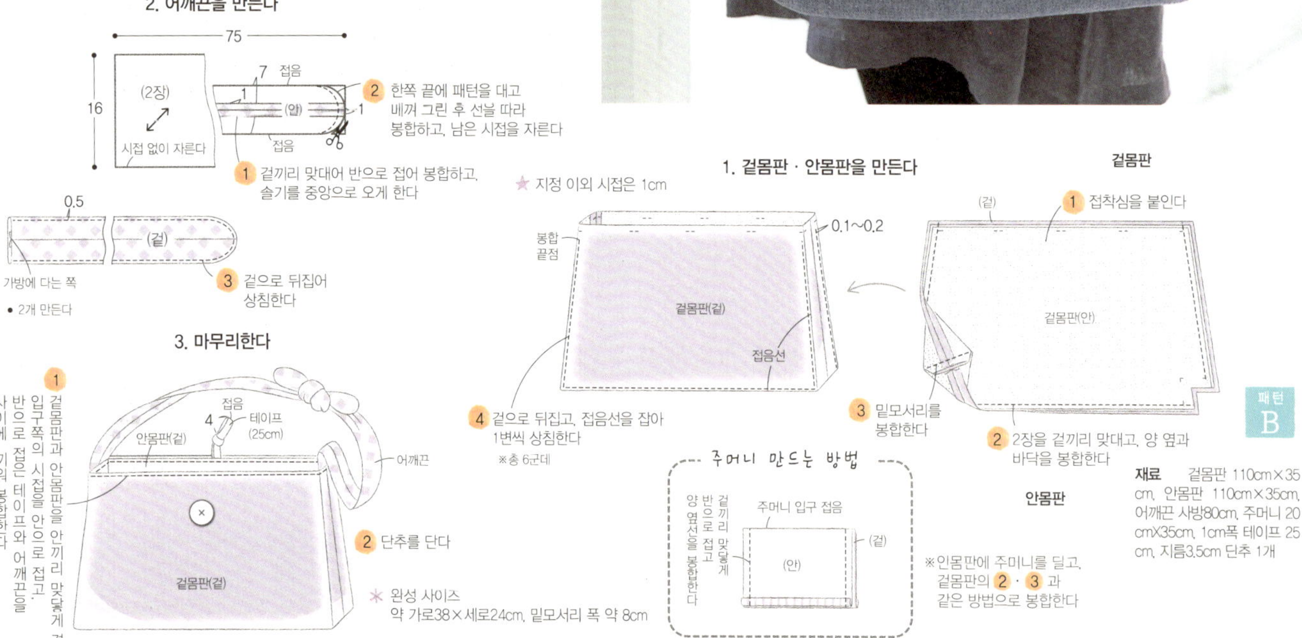

2. 어깨끈을 만든다

75 / 16 / (2장) / 시접 없이 자른다 / 7 접음 / 1 / (안) / 접음

② 한쪽 끝에 패턴을 대고 베껴 그린 후 선을 따라 봉합하고, 남은 시접을 자른다

① 겉끼리 맞대어 반으로 접어 봉합하고, 솔기를 중앙으로 오게 한다

0.5 / 가방에 다는 쪽 / (겉)

③ 겉으로 뒤집어 상침한다

● 2개 만든다

1. 겉몸판·안몸판을 만든다

★ 지정 이외 시접은 1cm

봉합 끝점 / 겉몸판(겉) / 접음선 / 0.1~0.2

④ 겉으로 뒤집고, 접음선을 잡아 1변씩 상침한다 ※총 6군데

주머니 만드는 방법

양 옆끼리 겉끼리 맞닿게 접고 봉합한다 / 주머니 입구 접음 / (안)

겉몸판

① 접착심을 붙인다

(겉) / 겉몸판(안)

③ 밑모서리를 봉합한다

② 2장을 겉끼리 맞대고, 양 옆과 바닥을 봉합한다

패턴 B

안몸판

※인몸판에 주머니를 딜고, 겉몸판의 ②·③ 과 같은 방법으로 봉합한다

재료 겉몸판 110cm×35cm, 안몸판 110cm×35cm, 어깨끈 사방80cm, 주머니 20cm×35cm, 1cm폭 테이프 25cm, 지름3.5cm 단추 1개

3. 마무리한다

① 겉몸판과 안몸판을 안끼리 맞닿게 겹쳐 입구쪽의 시접을 안으로 접고. 반으로 접은 테이프와 어깨끈을 사이에 끼워 봉합한다

접음 / 4 / 테이프 (25cm) / 안몸판(겉) / 어깨끈 / 겉몸판(겉)

② 단추를 단다

★ 완성 사이즈 약 가로38×세로24cm, 밑모서리 폭 약 8cm

작은 꽃무늬의 메신저백

여성스러운 꽃무늬와 액티브한 기능성이 매치된 크로스백. 어깨에 부담이 가지 않도록 어깨끈의 폭을 넓게 하고, 퀼팅솜으로 폭신함을 더했습니다. 가방 입구는 테이프를 묶기만 하면 되기 때문에 열고 닫기가 간편합니다.
(작품 제작 : 사이타마 현/카쿠이 나노코)

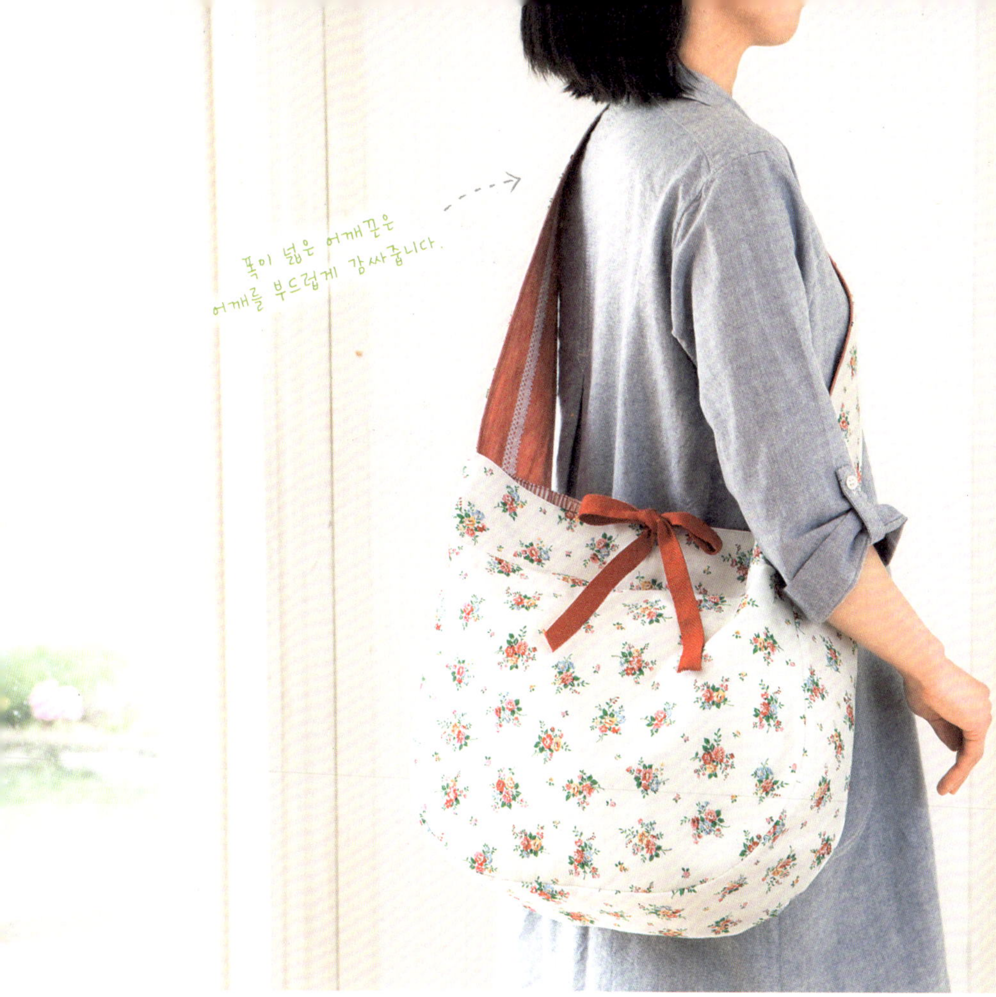

폭이 넓은 어깨끈은
어깨를 부드럽게 감싸줍니다.

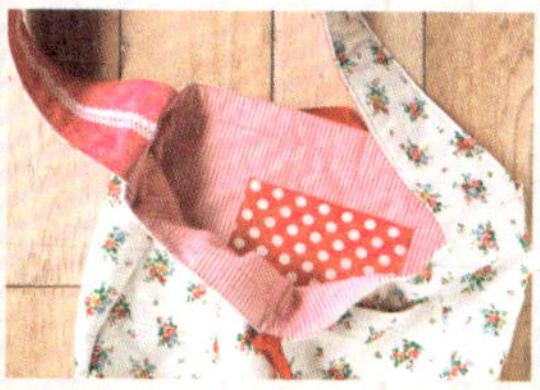

가방 안쪽에는 빨간 도트 무늬나 스트라이프 원단을 이용해 보세요. 어깨끈의 안쪽은 중앙에 레이스를 달아 사랑스러움을 더했습니다.

패턴 B

재료 겉몸판 75cm×1.2m, 안몸판 75cm×1.2m, 바깥 주머니 안감 50×35cm, 안주머니 사방25cm, 어깨끈 안감 20cm×1m, 접착심 60cm×1.2m, 접착 퀼팅솜 20cm×1.1m, 2cm폭 레이스 95cm, 2cm폭 린넨테이프 90cm, 2.5cm폭 벨크로 10cm

★ 시접은 지정 이외 1cm

1. 주머니를 만든다

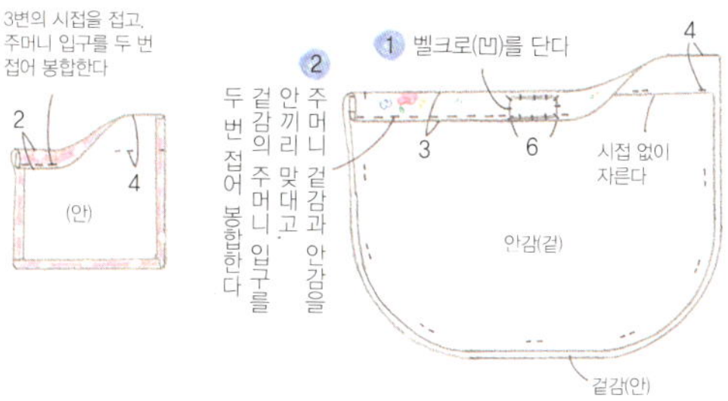

안주머니
3변의 시접을 접고, 주머니 입구를 두 번 접어 봉합한다
2
4
(안)
바깥 주머니
1 벨크로(凹)를 단다
2 주머니 겉감과 안감을 안끼리 맞대고, 겉감의 주머니 입구를 두 번 접어 봉합한다
4
3
6
시접 없이 자른다
안감(겉)
겉감(안)

2. 어깨끈을 만든다

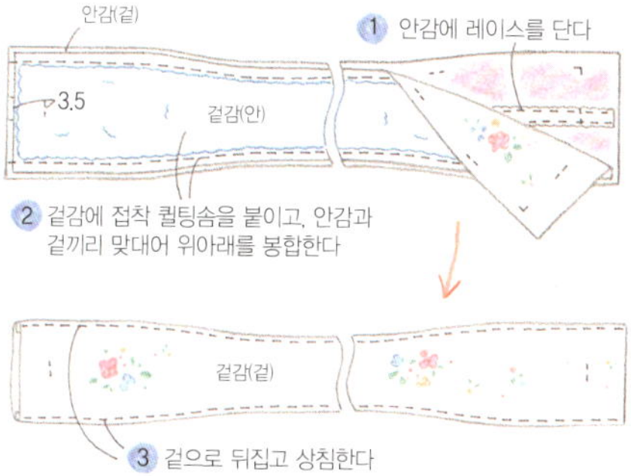

안감(겉)
1 안감에 레이스를 단다
3.5
겉감(안)
2 겉감에 접착 퀼팅솜을 붙이고, 안감과 겉끼리 맞대어 위아래를 봉합한다
겉감(겉)
3 겉으로 뒤집고 상침한다

3. 겉몸판을 만든다

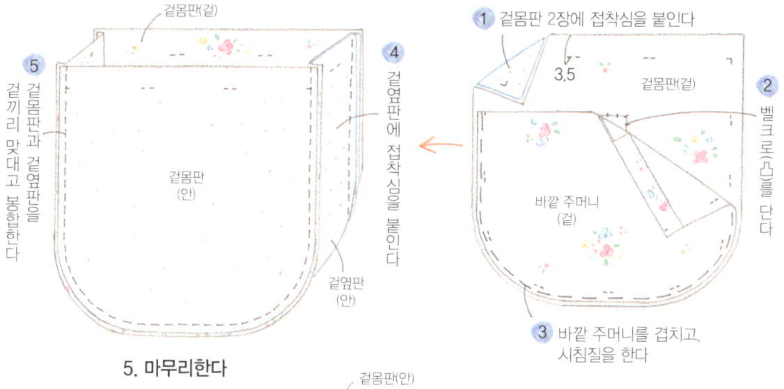

1 겉몸판 2장에 접착심을 붙인다
3.5
겉몸판(겉)
2 벨크로(凸)를 단다
바깥 주머니
(겉)
3 바깥 주머니를 겹치고, 시침질을 한다
겉몸판(겉)
4 겉옆판에 접착심을 붙인다
5 겉몸판과 겉옆판을 겉끼리 맞대고 봉합한다
겉몸판
(안)
겉옆판
(안)

4. 안몸판을 만든다

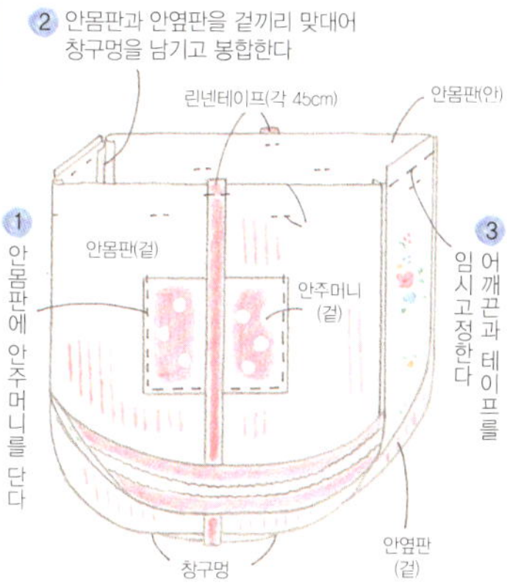

2 안몸판과 안옆판을 겉끼리 맞대어 창구멍을 남기고 봉합한다
린넨테이프(각 45cm)
안몸판(안)
1 안몸판에 안주머니를 단다
안몸판(겉)
안주머니
(겉)
3 어깨끈과 테이프를 임시 고정한다
창구멍
안옆판
(겉)

5. 마무리한다

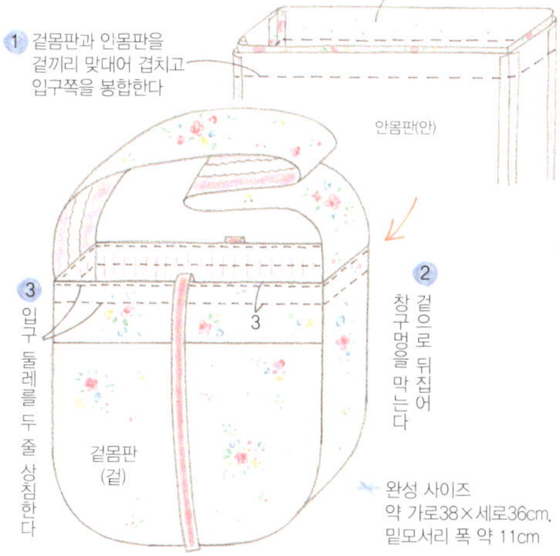

겉몸판(안)
1 겉몸판과 안몸판을 겉끼리 맞대어 겹치고 입구쪽을 봉합한다
안몸판(안)
2 겉으로 뒤집어 창구멍을 막는다
3 입구 둘레를 두 줄 상침한다
3
겉몸판
(겉)

완성 사이즈
약 가로38×세로36cm,
밑모서리 폭 약 11cm

쉽고 간단한

북유럽 바느질 소품 218

초판 1쇄 인쇄 2014년 11월 18일
초판 1쇄 발행 2014년 11월 25일

발 행 인 신현호 정용효
기획/제작 정미정 오하나 배지영
번 역 손수현
편 집 이성모
인 쇄 미래인쇄

신고번호 제2013-000010호
신고일자 2013년 8월 6일
발 행 처 (주)코하스아이디 소잉스토리
          광주광역시 북구 무등로 120 (신안동) 해은빌딩 7층
대표선화 062_513_8957
팩   스 062_515_8958
문의전화 070_8893_9218
홈페이지 www.sewingstory.com

I S B N 979-11-86065-00-6 13590
판 매 가 13,500원

Staff

편집   伊藤洋美
북디자인   静谷美佐樹 (Shizuya*Graphic Design)
제도·패턴   三宅愛美 仲條詩歩子 鈴木愛子
교열   滄流社
편집 담당   島 治香 野々瀬広美

1JIKANDEDEKIRU! KANTANKAWAII TEDUKURIKOMONO218 Copyright …
2012 SHUFU TO SEIKATSU SHA Ltd. First original Japanese edition
published by SHUFU TO SEIKATSU SHA CO., LTD. Korean translation
rights arranged with Kohas iDKOHAS. through DAIJO CRAFT Co., Ltd.

이 도서의 국립중앙도서관 출판예정도서목록(CIP)은 서지정보유통지원시스템
홈페이지(http://seoji.nl.go.kr)와 국가자료공동목록시스템(http://www.nl
.go.kr/kolisnet)에서 이용하실 수 있습니다. (CIP제어번호: CIP2014031948)

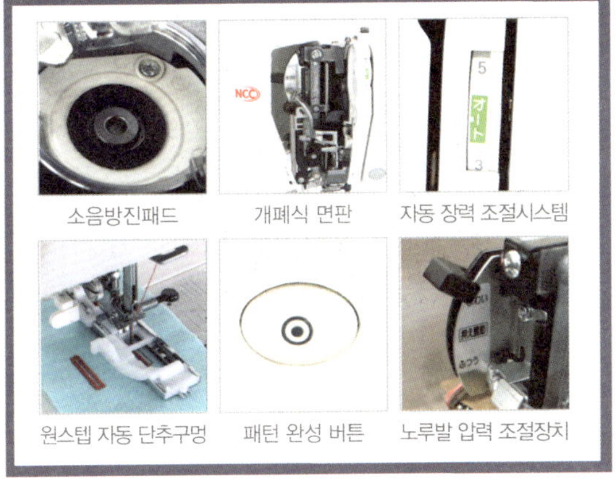

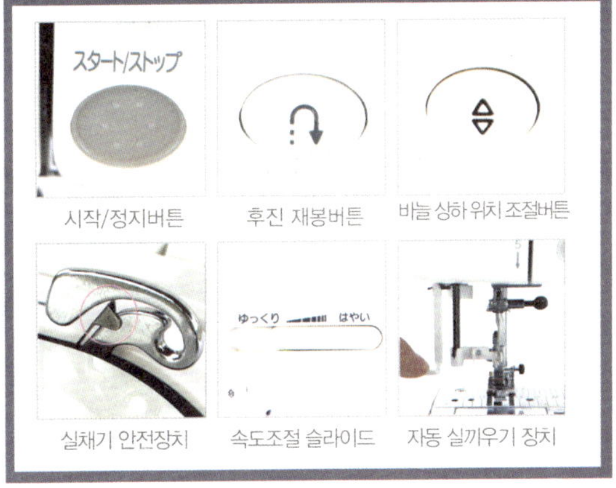

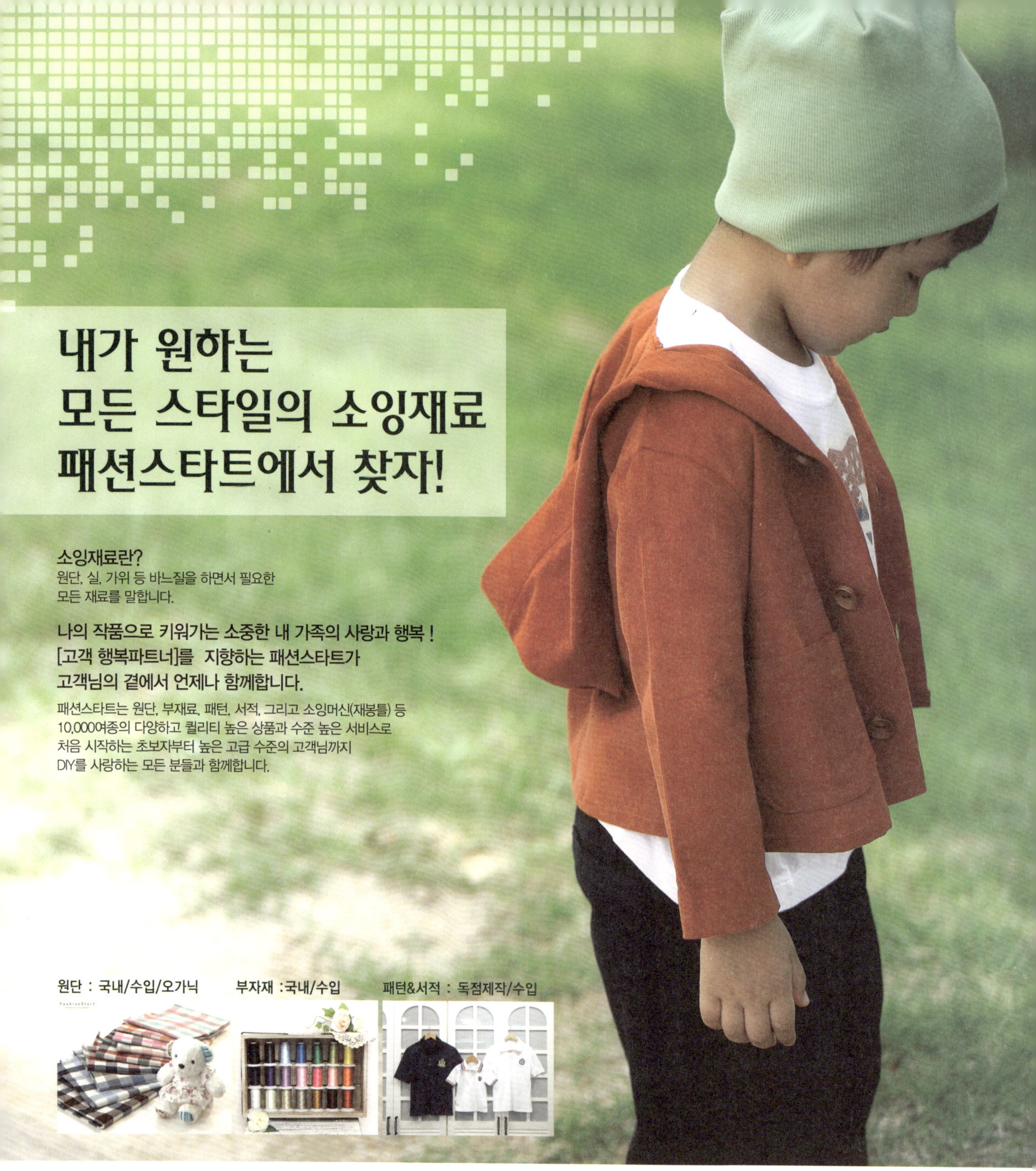
내가 원하는
모든 스타일의 소잉재료
패션스타트에서 찾자!
소잉재료란?
원단, 실, 가위 등 바느질을 하면서 필요한
모든 재료를 말합니다.
나의 작품으로 키워가는 소중한 내 가족의 사랑과 행복 !
[고객 행복파트너]를 지향하는 패션스타트가
고객님의 곁에서 언제나 함께합니다.
패션스타트는 원단, 부재료, 패턴, 서적, 그리고 소잉머신(재봉틀) 등
10,000여종의 다양하고 퀄리티 높은 상품과 수준 높은 서비스로
처음 시작하는 초보자부터 높은 고급 수준의 고객님까지
DIY를 사랑하는 모든 분들과 함께합니다.
원단 : 국내/수입/오가닉
부자재 :국내/수입
패턴&서적 : 독점제작/수입

"패션스타트NCC 대리점"

세심하고 체계적인 단계별 교육과정을 통하여 의상소잉에 대한 자신감과 소잉실력,
더 나아가 내가 원하는 의상작품을 스스로 제작하며 소잉의 진정한 즐거움과 가치를 전하는 패션스타트NCC 대리점입니다.

1 "의상 소잉상품"

다양한 종류와 스타일의 원단/ 부자재/ 패턴/ 서적 등

2 "초급·중급·고급 단계별 의상전문 교육과정"

베이비, 아동, 성인아이템으로 구성된 체계적이고 전문화된 시스템

3 "미싱 교육"

소잉의 즐거움을 전하는 고급 NCC미싱으로 진행

4 "내부 인테리어"

쾌적하고 깔끔한 패션스타트NCC 대리점

Fashion Start
Fashion Sewing DIY
패션스타트 NCC

패션스타트NCC 대리점에 관한 개설문의는 패션스타트(www.fashoinstart.net) 또는
NCC미싱(www.nccmising.com) 사이트를 통하여 하실 수 있습니다.

Natural Sewing Life
Simple Sewing

심플소잉NCC

국내최초! 소잉DIY 전문 멀티샵 "심플소잉NCC 전국대리점"

내 삶의 즐거움과 행복을 더해주는 심플소잉NCC 대리점

서울지역 강남교보점 02-573-5134, 강변테크노마트점 02-3234-2669

경인지역 인천 논현점 070-4151-7732, 인천 삼산점 070-7641-0305, 인천센트럴파크점 032-777-0709,
남양주 호평점 031-595-7478, 분당 정자점 031-711-0015, 용인 동백점 070-8820-8922,
용인신봉점 031-264-3769, 수원 영통점 031-273-9411, 수원 권선점 070-4106-7793,
안양 평촌점 070-8683-8053, 화성 동탄점 070-4190-3830

충청지역 대전 탄방점 042-487-8265, 청주 가경점 043-232-0306, 청주 용암점 043-900-3579,
천안 두정점 070-4078-9135

경상지역 대구 죽전점 070-4406-8220, 부산 화명점 051-365-1591, 부산해운대점 051-741-3877,
울산 남구점 052-271-1188, 울산 성안점 052-248-8671, 포항 북부점 054-615-4004,
창원 상남점 055-263-5662, 안동 북문점 054-852-5662, 경주 노서점 054-771-6349

전라지역 광주 충장점 062-225-5662, 광주 수완점 062-653-2335, 광주 상무점 062-381-0991,
순천 장천점 061-900-9965, 목포 하당점 061-287-8155, 여수 신기점 070-4228-0015

강원, 제주지역 원주 중앙점 033-742-9884, 제주시 제주점 064-733-5151

누구나 생각하던 일반적인 '공방'이 아닙니다.

소잉에 필요한 원단, 부재료, 패턴, 서적의
다양하고 풍성한 상품구성 공간!

그동안 눈으로만 봤었던 "재봉틀(미싱)"을
샵에서 직접 만져보고 체험 할 수 있는 공간!

본사의 체계적인 관리와 교육을 마스터한
전문강사와 다양한 과정의 수준높은 소잉교육
공간!

눈으로 보고, 손으로 만져보고, 몸으로 체험하는
국내최초 신개념 소잉 복합공간, 소잉DIY 전문
멀티샵! 입니다.

심플소잉NCC 대리점은 소잉을 통한 즐거움과
행복으로 더욱 풍성해지고 가치있는 삶을
전해드립니다.

상담 및 문의 1644-5662
웹페이지 www.nccmising.com

High Quality

매끈한 표면은 원단 봉제 시
발생하는 시임퍼커링 현상을
최소화시켜주어 봉제감이 탁월하다
작품의 완성도 up!
(시임퍼커링:봉제시 원단이자글자글 울어
봉제선이 일정하지 않고 모양이 틀어지는 현상)

So nice!

내추럴 소잉작품 등에 다양하게
사용될 수 있는 고급스러운 색감!

프라임 소잉전용실은 홈패션, 머신퀼트,
미싱자수, 소품, 의상 등 작품 구분 없이
수영복원단, 다이마루, 모직, 가죽 등
다양한 원단을 봉제할 수 있는
다재다능한 멀티실이다 :)

PRIME

프라임으로 가능한 Real Happy Sewing

가치있는 작품을 위한 특별한 소잉실

프라임이 당신의 작품을 한층 더
근사하게 만들어줄 것이다.

프라임 소잉전용실
45수2합 / 400m
Polyester60%, Nylon40%
(일반두께 원단 봉제시 사용)

스티치 프라임 소잉전용실
29수3합 / 200m
Polyester60%, Nylon40%
(장식스티치 또는 두꺼운 원단 봉제시 사용)

Strong

일반봉제사와 달리 실 중심에
나일론사가 들어있기 때문에
훨씬 더 강하고 고급스럽다

Best Design

가정용 미싱에 사용하기 좋은
효율적인 디자인과 사이즈로,
실패 끝에는 여닫는 부분이 있어
사용과 관리가 무척 편리하다

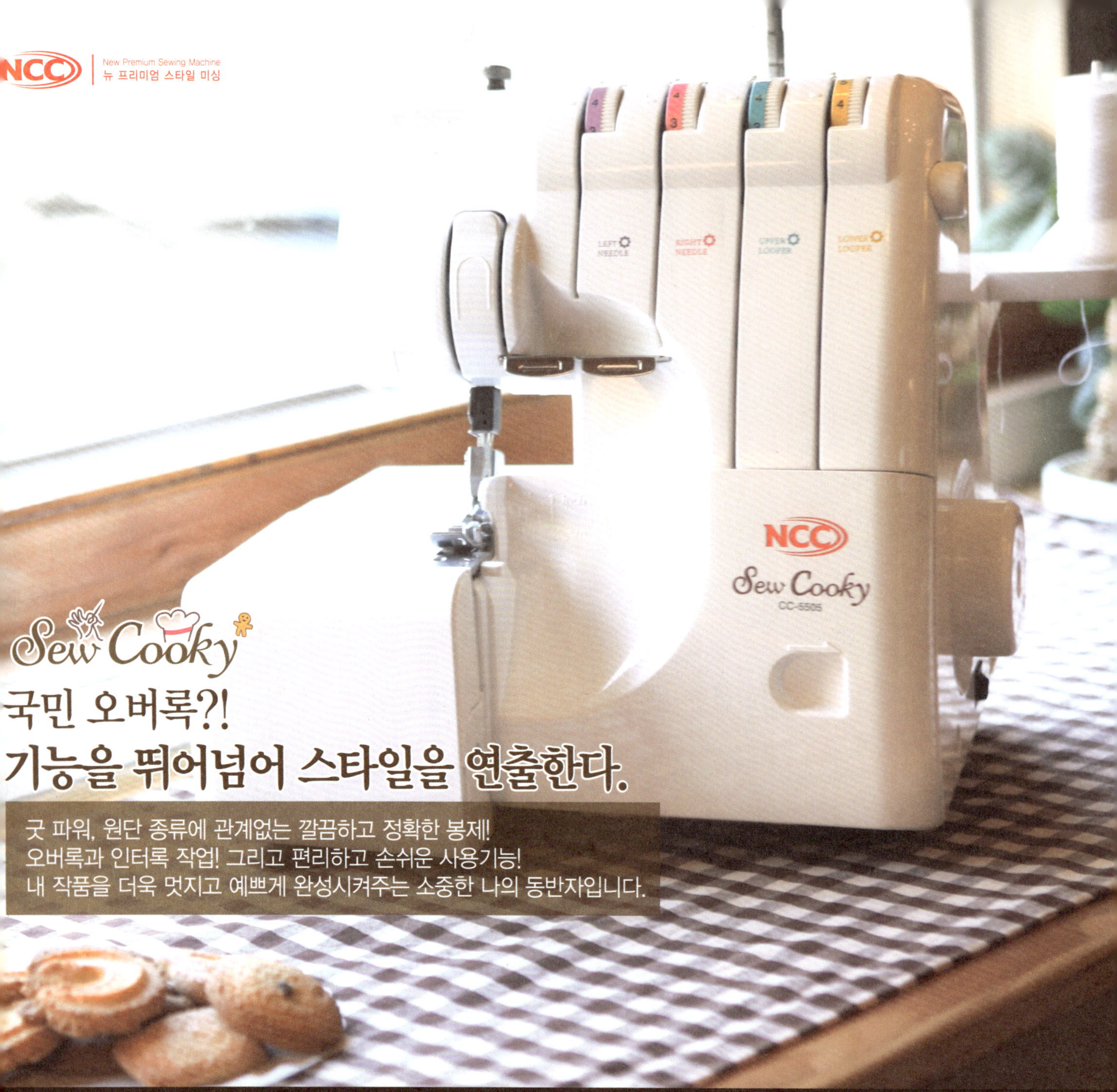

* 편리하고 완벽한 고객서비스, 국내 미싱업계 유일~
  - **GIVE&TAKE A/S 대체미싱 서비스!**
  - 구입처에 관계없이 **본사에서 직접 관리하는 미싱** 관리시스템!

* **NCC미싱은 소잉의 진정한 가치와 즐거움으로 대한민국 소잉문화를 새롭게 만들어 나갑니다.**

* 편리한 온라인 쇼핑몰 – 패션스타트, 심플소잉, NCC

* 국내최초 소잉DIY 멀티샵 – 심플소잉NCC 전국대리점

검색창에 NCC미싱 ▼ 을 쳐보세요.

홈페이지 www.nccmising.com 문의전화 1644-5662

NCC '쏘우쿠키' 만의 **특별한 기능**

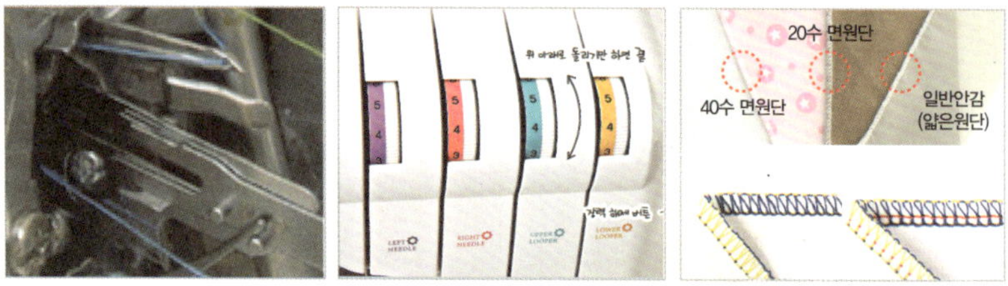

자동 실끼우기 | 간편한 장력조절 | 인터록기능 3색&4색 오버록

* 쏘우쿠키를 활용하여 바느질을 더욱 즐겁게 해주는 다양한 사은품이 무료로 증정됩니다.
(사은품 내용은 상황에 따라 변동될 수 있습니다.)